U0342958

全民科普　创新中国

地球360°卫星影像

冯化太◎主编

汕頭大學出版社

图书在版编目（CIP）数据

地球360° 卫星影像 / 冯化太主编. -- 汕头 ： 汕头大学出版社，2018.8

ISBN 978-7-5658-3688-6

Ⅰ. ①地… Ⅱ. ①冯… Ⅲ. ①地球－青少年读物 Ⅳ. ①P183-49

中国版本图书馆CIP数据核字(2018)第163999号

地球360° 卫星影像　　DIQIU 360°　WEIXING YINGXIANG

主　　编：冯化太
责任编辑：汪艳蕾
责任技编：黄东生
封面设计：大华文苑
出版发行：汕头大学出版社
　　　　　广东省汕头市大学路243号汕头大学校园内　邮政编码：515063
电　　话：0754-82904613
印　　刷：北京一鑫印务有限责任公司
开　　本：690mm×960mm　1/16
印　　张：10
字　　数：126千字
版　　次：2018年8月第1版
印　　次：2018年9月第1次印刷
定　　价：35.80元
ISBN 978-7-5658-3688-6

前言 PREFACE

习近平总书记曾指出：“科技创新、科学普及是实现创新发展的两翼，要把科学普及放在与科技创新同等重要的位置。没有全民科学素质普遍提高，就难以建立起宏大的高素质创新大军，难以实现科技成果快速转化。”

科学是人类进步的第一推动力，而科学知识的学习则是实现这一推动的必由之路。特别是科学素质决定着人们的思维和行为方式，既是我国实施创新驱动发展战略的重要基础，也是持续提高我国综合国力和实现中华复兴的必要条件。

党的十九大报告指出，我国经济已由高速增长阶段转向高质量发展阶段。在这一大背景下，提升广大人民群众的科学素质、创新本领尤为重要，需要全社会的共同努力。所以，广大人民群众科学素质的提升不仅仅关乎科技创新和经济发展，更是涉及公民精神文化追求的大问题。

科学普及是实现万众创新的基础，基础更宽广更牢固，创新才能具有无限的美好前景。特别是对广大青少年大力加强科学教育，使他们获得科学思想、科学精神、科学态度以及科学方法的熏陶和培养，让他们热爱科学、崇尚科学，自觉投身科学，实现科技创新的接力和传承，是现在科学普及的当务之急。

近年来，虽然我国广大人民群众的科学素质总体水平大有提高，但发展依然不平衡，与世界发达国家相比差距依然较大，这已经成为制约发展的瓶颈之一。为此，我国制定了《全民科学素质行动计划纲要实施方案（2016—2020年）》，要求广大人民群众具备科学素质的比例要超过10%。所以，在提升人民群众科学素质方面，我们还任重道远。

我国已经进入“两个一百年”奋斗目标的历史交汇期，在全面建设社会主义现代化国家的新征程中，需要科学技术来引航。因此，广大人民群众希望拥有更多的科普作品来传播科学知识、传授科学方法和弘扬科学精神，用以营造浓厚的科学文化气氛，让科学普及和科技创新比翼齐飞。

为此，在有关专家和部门指导下，我们特别编辑了这套科普作品。主要针对广大读者的好奇和探索心理，全面介绍了自然世界存在的各种奥秘未解现象和最新探索发现，以及现代最新科技成果、科技发展等内容，具有很强的科学性、前沿性和可读性，能够启迪思考、增加知识和开阔视野，能够激发广大读者关心自然和热爱科学，以及增强探索发现和开拓创新的精神，是全民科普阅读的良师益友。

目录

CONTENTS

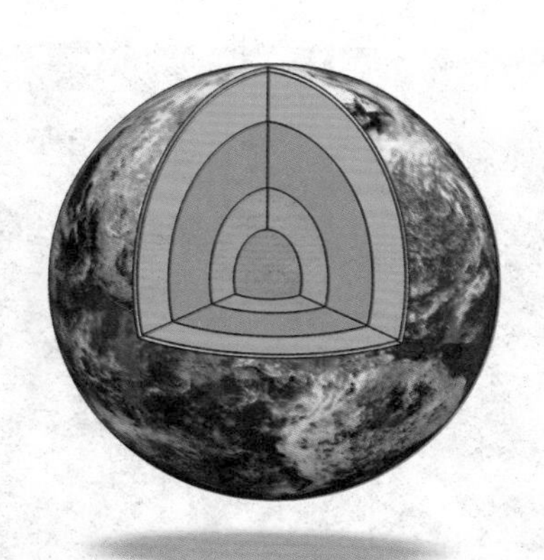

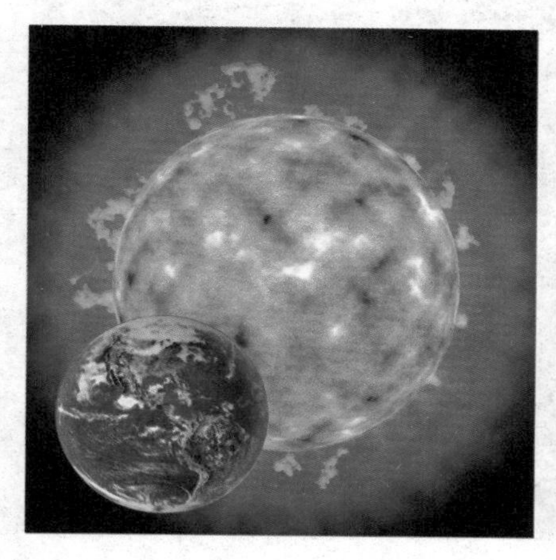

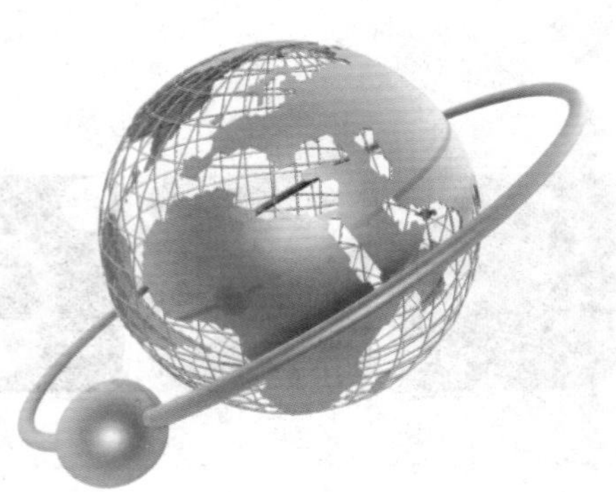

地球的形成

地球形成星云说

星云说认为，形成太阳系的是银河系里的一团密度比较大的星云。该星云绕银河中心旋转时，星云被压缩，由于收缩引起势能转化为热能，星云的温度增高，在中心逐渐形成一个红外星，可以称为原太阳。

原太阳由于收缩，体积缩小，自转加快，在惯性离心力和磁力的作用下，逐渐在赤道面上形成一个盘形结构。原太阳逐渐演化成太阳，扁盘上的物质逐渐演化成地球、其他行星及卫星，最后形成太阳系。

地球的起源

大约46亿年前，太阳星云开始分化出原始地球。原始地球因重力分异和放射性元素蜕变，温度日渐升高，当内部物质增温达到熔融状态时，密度大的亲铁元素加速向地心下沉，成为铁镍地核，密度小的亲石元素上浮组成地幔和地壳，更轻的液态和气态成分，通过火山喷发溢出地表，形成原始水圈和大气圈。

地球圈层的分异

在太阳系演化早期，行星原始气尘云开始积聚，形成一系列的环，并逐渐形成一些凝聚中心。这些中心开始吸引周边物质，形成类似小行星的岩石块体，并互相撞击。陨石冲击事件不仅是行星形成的原因，也是地球圈层分异的主要原因之一。

地球外圈的形成

地球圈层结构的形成与太阳系早期陨石冲击事件有着密切的联系。对于岩石行星而言，圈层形成的重要原因是需要有很高的温度使行星处于熔融状态，在重力的作用下按密度发生分异。

地球形成的早期曾存在一个原始大气圈，其成分与宇宙中的其他天体一样，以氢、氦为主。由于行星离太阳的距离比较近，并且行星的质量都比较小，所产生的万有引力也比较小，加之氢、氦气体容易向外层空间逃逸，在太阳风的作用下会很快消失。因此，现今地球大气圈的形成与地球的内部去气作用是密切相关的。

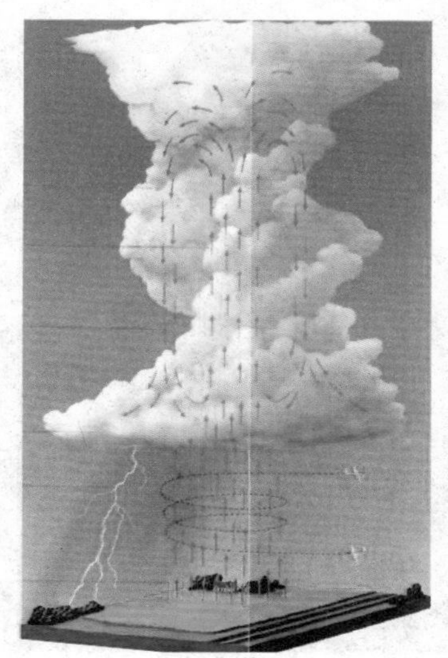

大气圈的形成

陨石冲击事件使得地球表面的温度不断增加，地球大部分的岩石和外来的陨石都处于熔融状态，岩石中的挥发性成分从岩石中分离出来，形成了现在大气圈的雏形。

早期大气圈的成分和现在大气圈的成分有较大的区别，最明显的是氧和二氧化碳含量的变化，早期二氧化碳的含量相当于现在大气圈的20万倍。

水圈的形成

水圈的形成与大气圈形成的原因和过程相似。在陨石冲击下，陨石和地球岩石中大量的结晶水由于温度的升高从矿物的分子结构中分离出来，形成大量的蒸气。陨石冲击事件逐渐减少后，地球表面的温度也开始下降，水蒸汽结成水降至地球表

面，并最终形成水圈。

地球的年龄

科学家对地球的年龄多次进行了确认，认为地球的产生要远远晚于太阳系的产生，跨度约为1.5亿年左右，这远远晚于此前认为的4500万年。此前科学家通过太阳系年龄计算公式算出了太阳系产生的时间为45.68亿年前，而地球产生的时间要比太阳系晚4500万年左右，大约为45亿年前。

地球的未来

地球的未来与太阳有着密切的关联，由于氦的灰烬在太阳的核心稳定地累积，太阳光度将缓慢地增加。在未来的11亿年中，太阳的光度将增加10%，之后的35亿年又将增加40%。气候模型显示抵达地球的辐射增加，可能会有可怕的后果，包括地球的海洋消失等。

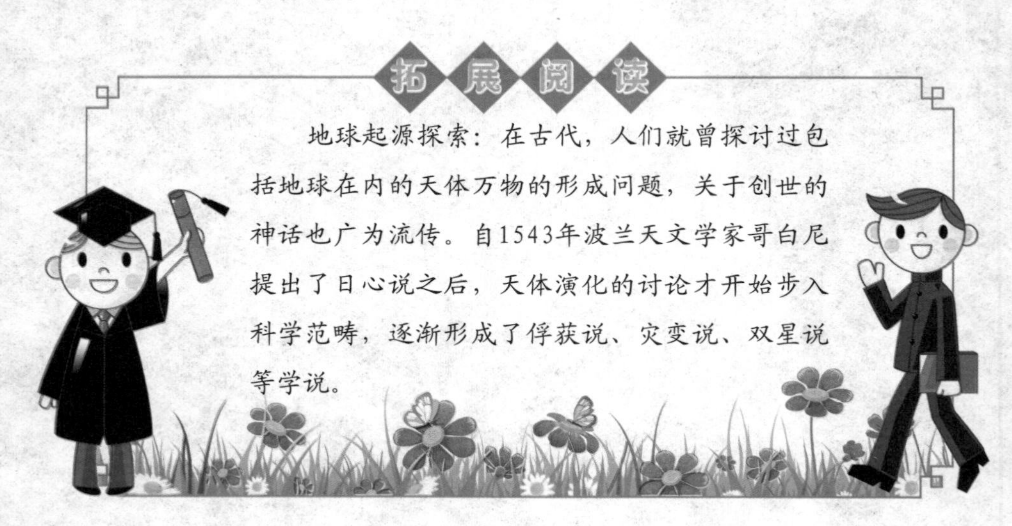

拓展阅读

地球起源探索：在古代，人们就曾探讨过包括地球在内的天体万物的形成问题，关于创世的神话也广为流传。自1543年波兰天文学家哥白尼提出了日心说之后，天体演化的讨论才开始步入科学范畴，逐渐形成了俘获说、灾变说、双星说等学说。

地球内部构造

地壳的构造

地壳是地球的表面层，是由多组断裂的大小不等的块体组成的。它的外部呈现出高低起伏的形态，有高山、平原和盆地。地壳分为上下两层，地壳上层为花岗岩层，主要由氧、硅、铝组成；下层为玄武岩层，富含硅和镁。

地壳运动

地壳自形成以来，每时每刻都在运动着，这种运动引起地壳结构不断地变化。地震是人们直接感到的地壳运动的反映。更普遍的地壳运动是长期地、缓慢地进行着，也是人们不易觉察到的，必须借助科学仪器长期进行观测才能够发觉。

地壳中的元素

化学元素周期表中有112种元素，其中有92种元素以及300多种同位素在地壳中存在。在地壳中最多的化学元素是氧，它占总重量的48.6%；其次是硅，占26.3%，铝7.73%，铁4.75%，钙3.45%；以下是钠、钾、镁等。其中含量最低的是

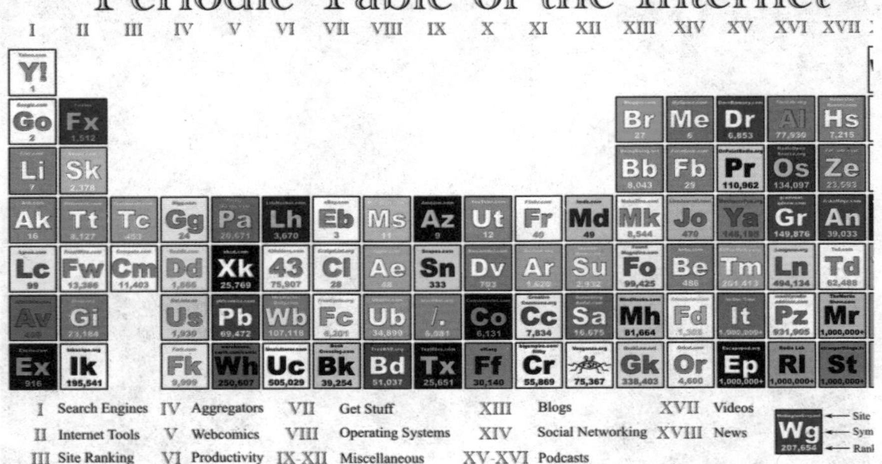

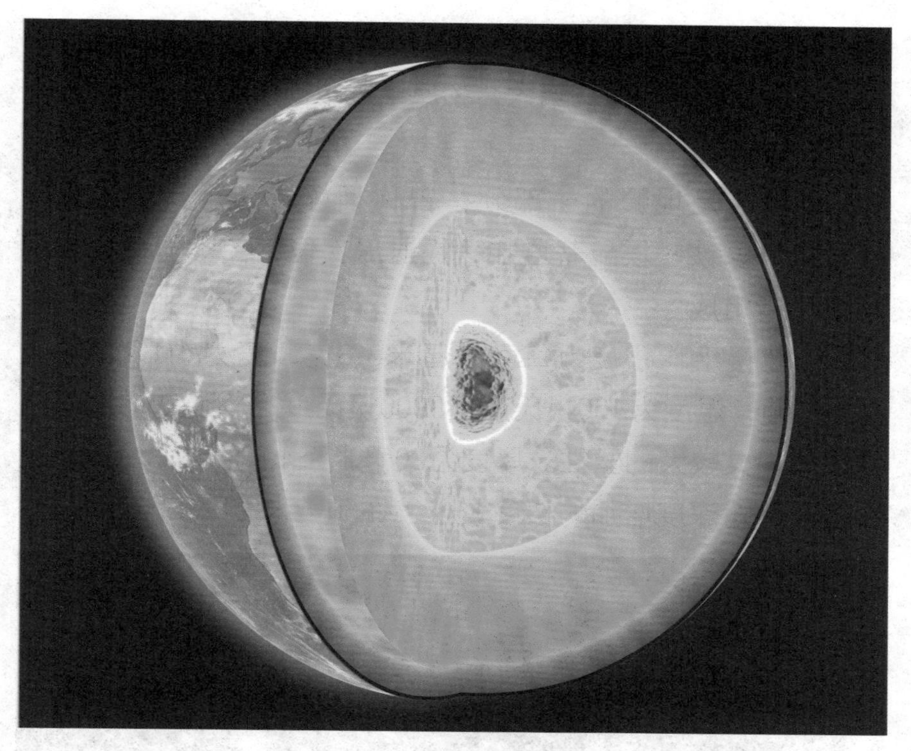

砹和钫，约占1／1023。上述几种元素占地壳总重量的98.04%，其余80多种元素共占1.96%。

地幔的构造

地壳下面是地球的中间层，叫做地幔，厚度约2865千米，主要由致密的造岩物质构成。地幔是地球内部体积最大、质量最大的一层，可分成上地幔和下地幔两层。

上地幔顶部存在一个地震波传播速度减慢的层，即古登堡低速层，一般又称为软流层。据推测该软流层是由于放射性元素大量集中，蜕变放热，使岩石高温软化，并局部熔融造成的，很可能是岩浆的发源地。

软流层以上的地幔是岩石圈的组成部分。下地幔温度、压力和密度相比上地幔均增大，物质呈可塑性固态。

上地幔

上地幔是地幔的一部分，曾称榴辉岩圈。物质成分除硅、氧外，铁、镁显著增加，铝退居次位，由类似橄榄岩的超基性岩组成。

上地幔平均密度为每立方厘米3.8克，压力约1.2吉帕至1.35吉帕，温度为400摄氏度至3000摄氏度，物质状态属固态结晶质，具较大的塑性。厚度为20千米至400千米。地震波速在其内部随深度增加的梯度较小，在60千米至150千米间，许

多大洋区及晚期造山带内有一低速层，可能是由地幔物质部分熔融造成的。

下地幔

下地幔是地幔的一部分，曾称硫氧化物圈。物质成分主要为硅酸盐，此外还有金属氧化物与硫化物，特别是铁、镍显著增加。主要为镁方铁矿，具石盐结构，另外还有硅酸盐，具钙钛矿结构，它们是下地幔的主要矿物相。

下地幔厚度为670千米至2900千米。目前认为下地幔的成分比较均一，但因处于极端高温和高压环境，地幔岩石呈现为塑性状态。

地核的构造

地核是地球的核心部分，主要由铁、镍元素组成，半径为

3480千米。温度非常高，约有4000摄氏度至6000摄氏度。地核又分为外地核和内地核两部分。地核占地球总质量的16%，地幔占83%，而与人们关系最密切的地壳，仅占1%而已。

外地核和内地核

外地核为地核的外层，即上层，其距离地表的深度为2885千米至4640千米。外地核的物质组成为液态的铁、镍，温度约为3700摄氏度。

内地核位于地球的核心部分，呈球体状，距地表的深度为5155千米至6371千米，温度在4000摄氏度以上。

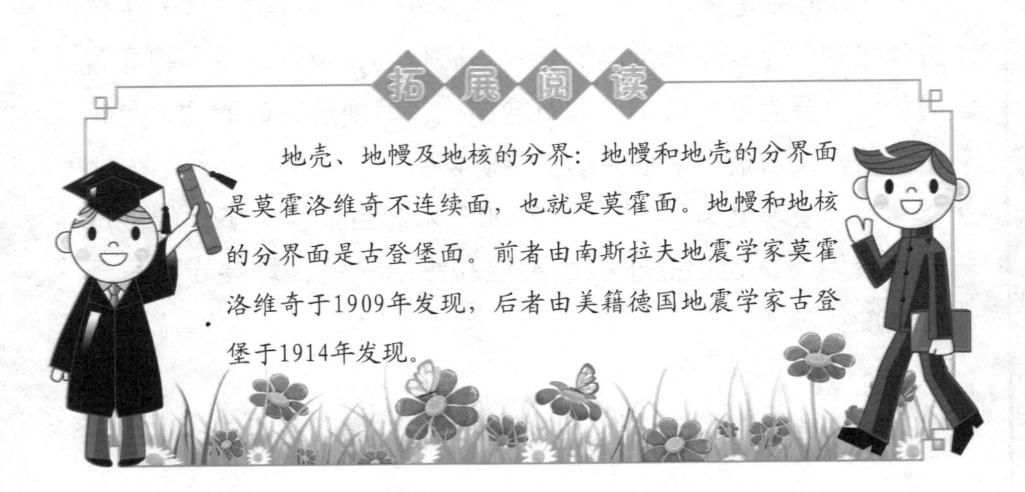

拓展阅读

地壳、地幔及地核的分界：地幔和地壳的分界面是莫霍洛维奇不连续面，也就是莫霍面。地幔和地核的分界面是古登堡面。前者由南斯拉夫地震学家莫霍洛维奇于1909年发现，后者由美籍德国地震学家古登堡于1914年发现。

地球表层

岩石圈

地球岩石圈指地球的地壳和地幔圈中上地幔的顶部。从固体地球表面向下穿过地震波在近33千米处所显示的第一个不连续面，一直延伸至软流圈为止。岩石圈厚度不均一，平均厚度约为100千米。岩石圈的三大类岩石是岩浆岩、沉积岩和变质岩。

岩浆岩

岩浆岩或称火成岩，是由岩浆凝结形成的岩石，约占地壳总体积的65%。岩浆是在地壳深处或上地幔产生的高温炽热、粘稠、含有挥发成分的硅酸盐熔融体，是形成各种岩浆岩和岩浆矿床的母体。

沉积岩

沉积岩又称为水成岩，在地表不太深的地方，其他岩石的风化产物和一些火山喷发物经过水流或冰川的搬运、沉积、成岩作用形成的岩石。

在地球地表，有70%的岩石是沉积岩，但如果从地球表面到16千米深的整个岩石圈算，沉积岩只占5%。沉积岩主要包括石灰岩、砂岩和页岩等。沉积岩中所含有的矿产，占世界全部矿产蕴藏量的80%。

变质岩

变质岩可在高温高压和矿物质的混合作用下由一种岩石自然变质成另一种岩石，质变可能是重结晶、纹理改变或颜色改变。

变质岩是在地球内力作用下引起的岩石构造的变化和改造产生的新型岩石。这些力量包括温度、压力、应力的变化和化学反应。固态的岩石在地球内部的压力和温度作用下，发生物质成分的迁移和重结晶，形成新的矿物组合。如普通石灰石由于重结晶变成大理石。

水圈

水圈是地球外圈中作用最为活跃的一个圈层，也是一个连

续不规则的圈层。它与大气圈、生物圈和地球内圈的相互作用，直接关系到影响人类活动的表层系统的演化。

水圈也是外动力地质作用的主要介质，是塑造地球表面最重要的角色。水圈包括海洋、江河、湖泊、沼泽、冰川和地下水等，它是一个连续但不很规则的圈层。

生物圈

生物圈是指地球上凡是出现并感受到生命活动影响的地区，是地表有机体包括微生物及其自下而上环境的总称，是行

星地球特有的圈层，也是人类诞生和生存的空间。生物圈是地球上最大的生态系统。

生物圈是自然灾害的主要发生地，它衍生出环境生态灾害。

大气圈

大气圈是地球外圈中最外部的气体圈层，它包围着海洋和陆地。大气圈没有确切的上界，在2000千米至16000千米高空仍有稀薄的气体和基本粒子。

在地下土壤和某些岩石中也会有少量空气，这些空气也可认为是大气圈的一个组成部分。

人类活动

人类的出现使地球表层发生了质的变化，也构成了地球表层区别于其他层圈的突出特征。

现在几乎找不到一块没有人类影响的禁地，人类的作用和影响在地球上已经连成一片，形成了名副其实的智慧圈、文化圈。地球表层渐渐成了人及其生活环境相互有机联系的新的系统。

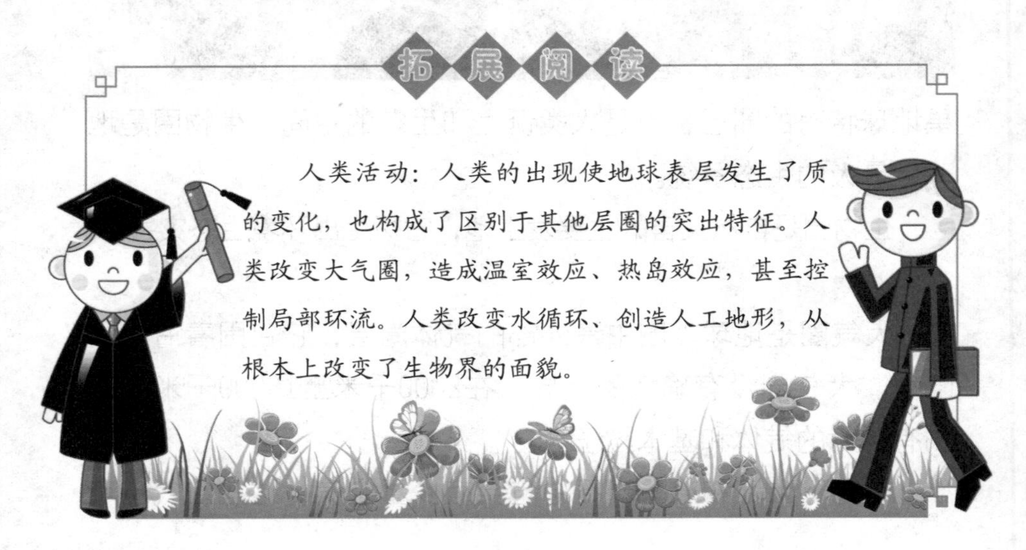

拓展阅读

人类活动：人类的出现使地球表层发生了质的变化，也构成了区别于其他层圈的突出特征。人类改变大气圈，造成温室效应、热岛效应，甚至控制局部环流。人类改变水循环、创造人工地形，从根本上改变了生物界的面貌。

地球的板块构造

太平洋板块

太平洋板块是一块海洋地壳板块，大部分位于太平洋海面下。东以太平洋海隆为界，北、西、西南都为深海沟，与阿留申岛弧、日本岛弧、菲律宾板块和印度板块接界，南部以海岭同南极洲板块相接。

亚欧板块

亚欧板块是地球六大板块之一，由亚洲和欧洲组成。其范围介于西太平洋海沟系以西，喜马拉雅、阿尔卑斯山脉以北，大西洋中脊以东和北冰洋中脊以南的广大地区。新生代早期，该板块与印度板块和非洲板块沿雅鲁藏布江–阿尔卑斯带碰撞，白垩纪晚期与北美洲板块分离，与太平洋板块发生汇聚。

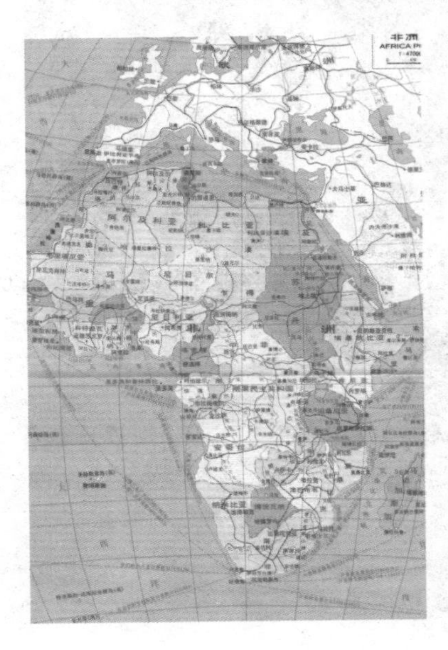

非洲板块

非洲板块是地球六大板块之一，其范围包括大西洋中脊南段以东，印度洋中脊以西，印度洋中脊西南支以北和阿尔卑斯山以南地区。该板块在白垩纪早期同南美板块分离。

在大西洋中脊扩张的推动下，非洲板块向北漂移，与欧亚板块碰撞，形成了欧洲南部的阿尔卑斯造山带。根据地震和大地测量表明，非洲板块仍然在向欧亚板块之下俯冲。

美洲板块

美洲板块是地球六大板块之一，其范围包括北美洲、北大西洋西半部及格陵兰、南美洲与南大西洋西半部。它以大西洋中脊为东界，以东太平洋海岭为西界。根据大陆漂移说，美洲板块原与欧亚板块及非洲板块联为一体，在侏罗纪中期（约1.65亿年前）非洲和南美洲开始裂开，形成裂谷。裂谷从南向北发展，在中白垩纪到始新世（约8千万至4千万年前）北美洲与欧亚板块分离。于是新生的大西洋洋壳将美洲板块向西推移到达目前的位置。

印度洋板块

印度洋板块为次大陆板块，属于印度洋澳洲板块的一部分，包括印度次大陆和印度洋。印度洋板块形成于9000万年以前的白垩纪，自非洲东部的马达加斯加分离，每年向北漂移15厘米，大约在5500万年至5000万年以前的新生代的始新世时期和亚洲撞合，这一时期，印度洋板块移动了约2000千米至3000千米距离，比已知的任何板块移动的速度都要快。

板块边界

不同板块之间的结合部位，表现为持续活动的火山带和地震带，是地球地质作用比较活跃的地区。可分为三种类型，即

洋中脊代表的离散边界、俯冲带代表的汇聚边界和转换断层代表的转换边界。

一般认为缝合带代表古板块的汇聚和碰撞边界。这三种板块边界主要位于海洋底或海洋陆地交接处。此外，大陆内部的地缝合线，则是两个大陆之间的碰撞带，代表已经消亡的古海洋，是古板块划分的重要依据。

海底扩张说

人们利用放射性同位素测定海底岩石年龄，发现海底岩石很年轻，一般不超过两亿年，相当于中生代侏罗纪。离海岭越

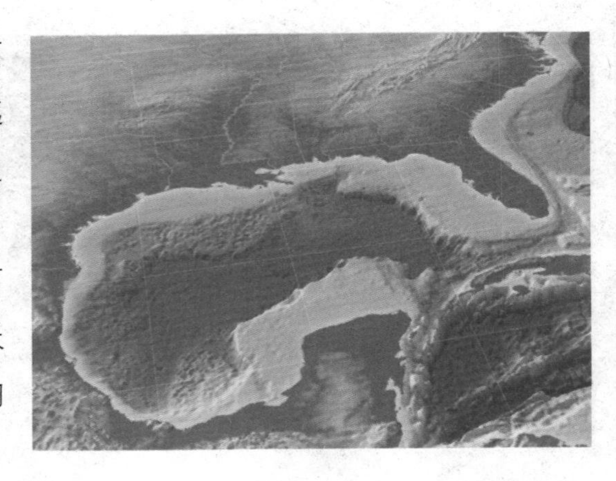

近，岩石年龄越轻；离海岭越远，岩石年龄越老，而且在海岭两侧呈对称分布。

因此在20世纪，有科学家提出了海底扩张学说，认为海岭是新的大洋地壳诞生处。

板块运动

板块运动指地球表面一个板块对于另一个板块的相对运动。法国地质学家勒皮雄把地球的岩石层划分为六个大板块，这些板块都漂浮在具有流动性的地幔的软流层之上。随着软流层的运动，各个板块也会发生相应的水平运动。

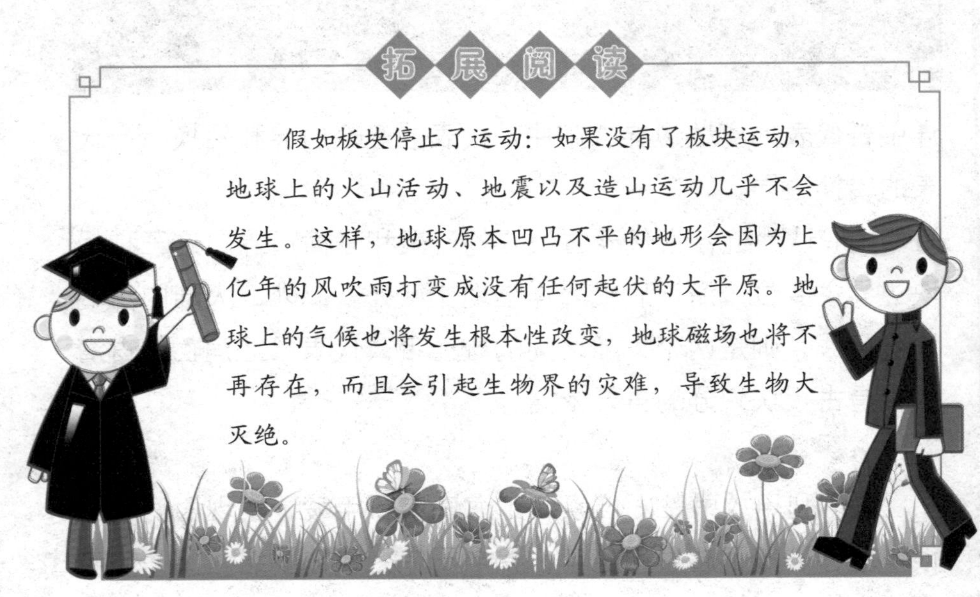

拓展阅读

假如板块停止了运动：如果没有了板块运动，地球上的火山活动、地震以及造山运动几乎不会发生。这样，地球原本凹凸不平的地形会因为上亿年的风吹雨打变成没有任何起伏的大平原。地球上的气候也将发生根本性改变，地球磁场也将不再存在，而且会引起生物界的灾难，导致生物大灭绝。

地球的旋转

地球自转

地球绕自转轴自西向东的转动，是地球的一种重要运动形式。我们平时看到的太阳东升西落、昼夜交替循环现象就是因为地球每时每刻都在自转造成的。其自转从北极点上空看，呈逆时针旋转，从南极点上空看则呈顺时针旋转。

自转周期

地球自转一周的时间是一日，如果以距离地球遥远的同一

恒星为参照点，则一日时间的长度为23时56分4秒，叫做恒星日，这是地球自转的真正周期。如果以太阳为参照点，则一日的时间长度为24小时，叫做太阳日。

地球公转

地球公转是指地球按一定轨道围绕太阳转动。像地球的自转具有其独特规律性一样，由于太阳引力场以及自转的作用而导致地球的公转。地球的公转也有其自身的规律。

地球的公转规律从地球轨道、地球轨道面、黄赤交角、地球公转的周期、地球公转速度和效应几个方面表现出来。

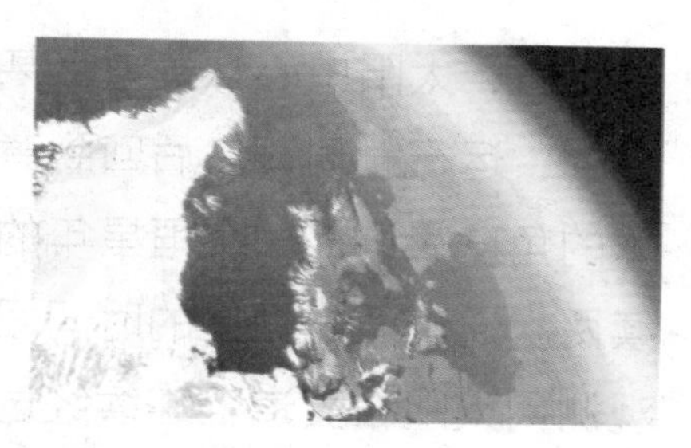

公转周期

地球绕太阳公转一周所需要的时间就是地球公转周期。笼统地说，地球公转周期是一年，需时365日6小时9分10秒或365.2564日。因为太阳周年视运动的周期与地球公转周期是相同的，所以地球公转的周期可以用太阳的运动来测得。

这个周期单位是以恒星为参考点而得到的。在一个恒星年期间，从太阳中心上看，地球中心从以恒星为背景的某一点出发，环绕太阳运行一周，然后回到天空中的同一点；从地球中

心上看，太阳中心从黄道上某点出发，这一点相对于恒星是固定的，运行一周，然后回到黄道上的同一点。因此，从地心天球的角度来讲，一个恒星年的长度就是视太阳中心在黄道上连续两次通过同一恒星的时间间隔。也就是说，地球上的观测者观测到太阳在黄道上连续经过某一点的时间间隔，就是一年。由于所选取的参考点不同，则年的长度也不同。

恒星年

地球公转周期为恒星年，恒星年是地球公转的真正周期。一个恒星年期间，在太阳上看，地球中心从天空中的某一点出发，环绕太阳一周，然后又回到了此点；如果从地球上看，则是太阳中心从黄道上的某一点，即某一恒星出发，运行一周，然后又回到了同一点，即同一恒星。

在一个恒星年期间，地球公转360度所需时间约为365日6小时9分10秒。

回归年

地球公转的春分点周期就是回归年，这种周期单位是以春分点为参考点得到的。在一个回归年期间，从太阳中心上看，

地球中心连续两次过春分点；从地球中心上看，太阳中心连续两次过春分点。从地心天球的角度来讲，一个回归年的长度就是视太阳中心在黄道上连续两次通过春分点的时间间隔。

一回归年等于365.24219879日，约等于365日5小时48分46秒。一个回归年，精确地来讲地球围绕太阳公转不够360度，而是359度59分59秒740毫角秒。

近点年

地球绕太阳运转的轨道是一个近似正圆的椭圆轨道，地球中心连续两次经过轨道上的近日点或远日点的时间间隔，是地

球公转速度的变化周期。

由于近日点和远日点的前移，即每年东移11秒，其长度为365.25964日，比恒星年长0.00328日。近点年也是太阳和地球距离变化的周期，又是整个地球接受太阳辐射能数值发生变化的周期，但不是地球公转的真正周期。

公转轨道

地球在公转过程中所经过的路线上的每一点都在同一个平面上，而且构成一个封闭曲线。这种地球在公转过程中所走的

封闭曲线，叫做地球轨道。如果我们把地球看成为一个质点的话，那么地球轨道实际上是指地心的公转轨道。在地球的公转轨道上，有一点距离太阳最近，称为近日点，有一点离太阳最远，称为远日点。

经纬线

经纬线是人们为了在地球上确定位置和方向，在地球仪和地图上画出来的，但是在实际中地面上并没有画着经纬线。其中，连接南北两极的线叫经线，和经线相垂直的线叫纬线。在地上立一根竹竿，当中午太阳升得最高的时候，竹竿的阴影就是你所在地方的经线。因为经线指示南北方向，所以又叫子午线。

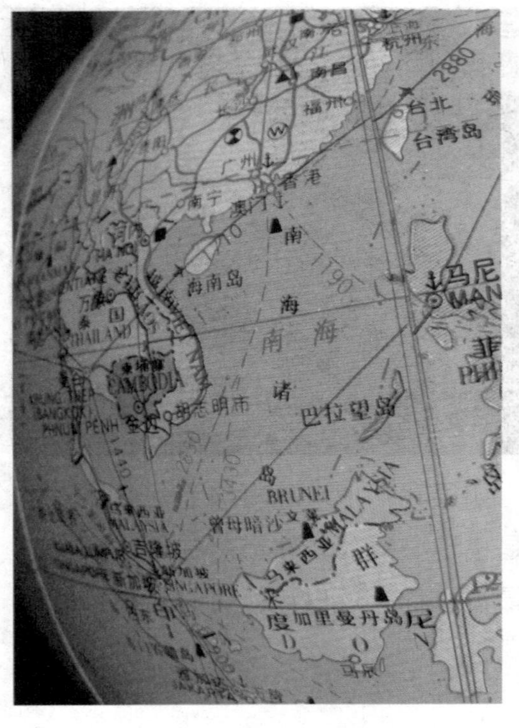

赤道

赤道是地球表面的点随地球自转产生的轨迹中周长最长的圆周线。赤道半径6378.137千米，两极半径6359.752千米，平均半径6371.012千米，赤道周长40075.7千米。如果把地球看做一个绝对的球体的话，赤道距离南北两极相等，是一个大圆。

赤道把地球分为南北两半球，其以北是北半球，以南是南半球。赤道是地球上重力最小的地方。赤道还是南北纬线的起点，即零度纬线，也是地球上最长的纬线。

回归线

地球在围绕太阳公转时，地球自转轴与黄道面，即公转轨道平面永远保持66度34分的交角。也就是说，地球总是斜着身子在绕着太阳旋转。这样，地球有时是北半球倾向太阳，有时又是南半球倾向太阳，因而太阳光直射地球的位置会随时间而发生南北的移动。

北纬23度26分称为北回归线，是阳光在地球上直射的最北界线。南纬23度26分称为南回归线，是阳光在地球上直射的最

南界线。回归线是太阳每年在地球上直射来回移动的分界线。

本初子午线

本初子午线是地球上的零度经线。它是为了确定地球经度和全球时刻而采用的标准参考子午线。

1884年国际会议决定将通过英国格林威治天文台子午仪中心的经线作为本初子午线。1957年后，格林威治天文台迁移台址。1968年国际上以国际协议原点作为地极原点，经度起点实际上不变。本初子午线的制定和使用是经过变化而来的。

夏至

每年的6月21日或22日为夏至日。夏至这天，太阳直射地面的位置到达一年的最北端，几乎直射北回归线，北半球的白昼最长，并且越往北越长。

夏至这天虽然白昼最长，太阳角度最高，但并不是一年中天气最热的时候。因为，接近地表的热量这时还在继续积蓄，并没有达到最多的时候，真正的暑热天气是以夏至和立秋为基点计算的。

冬至

冬至是我国农历中一个非常重要的节气，也是中华民族的一个传统节日，俗称“冬节”“长至节”“亚岁”等。早在2500多年前的春秋时代，我国就已经用土圭观测太阳，测定

出了冬至。因此它是二十四节气中最早制定出的一个，时间在每年的阳历12月21日至23日之间。这一天是北半球全年中白天最短、夜晚最长的一天。

春分

从每年的阳历3月20日或21日开始至4月4日或5日结束。春分这天正当春季90天之半，故称“春分”。春分这一天阳光直射赤道，昼夜几乎相等，其后阳光直射位置逐渐北移，北半球开始昼长夜短。

秋分

秋分是农历二十四节气中的第十六个节气，时间一般为每年的阳历9月22日或23日。气候由这一节气起开始入秋。这一天24小时昼夜均分，各12小时，全球无极昼极夜现象。

秋分之后，北极附近的极夜范围渐大，南极附近的极昼范围渐大。

拓展阅读

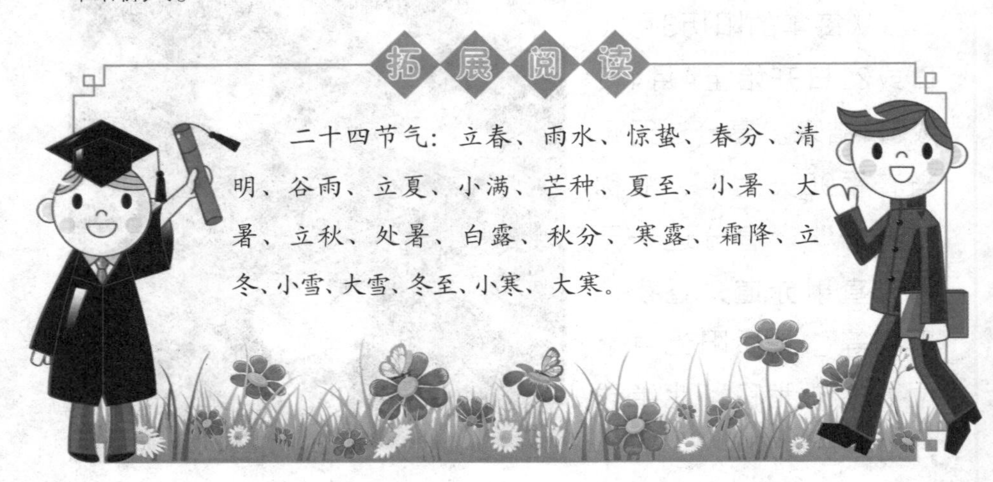

二十四节气：立春、雨水、惊蛰、春分、清明、谷雨、立夏、小满、芒种、夏至、小暑、大暑、立秋、处暑、白露、秋分、寒露、霜降、立冬、小雪、大雪、冬至、小寒、大寒。

地球的运动

大陆漂移说

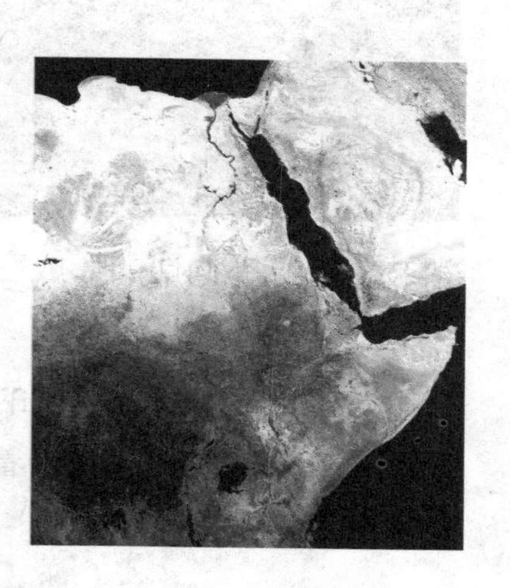

大陆漂移说认为在石炭纪后期，当时的大陆为单一的整块陆地，其后因太阳、月球的引力，地球自转，离心力等作用，大陆块沿比较脆弱的地方分裂。所分裂的大陆块由东向西，又由极地向赤道漂移，从而形成为现在大陆的分布。

地壳运动

地壳运动指地壳结构及其表面形态由于其本身或地球其他部分的物质和能量在内力作用下的变形、变位的运动，包括陆地运动、造山运动、地块运动、火山运动等。地壳运动与海洋、陆地、火山等的形成及

褶皱、断层等构造的形成密切相关。

岩浆活动

处在地壳下高温高压的岩浆冲破地壳的束缚，顺着地壳薄弱地带侵入上部，或者沿着构造裂隙喷出地表，这种运动称为岩浆活动，又叫岩浆作用。一般表现为两种方式：一种是侵入作用；另一种是火山作用或喷出作用。

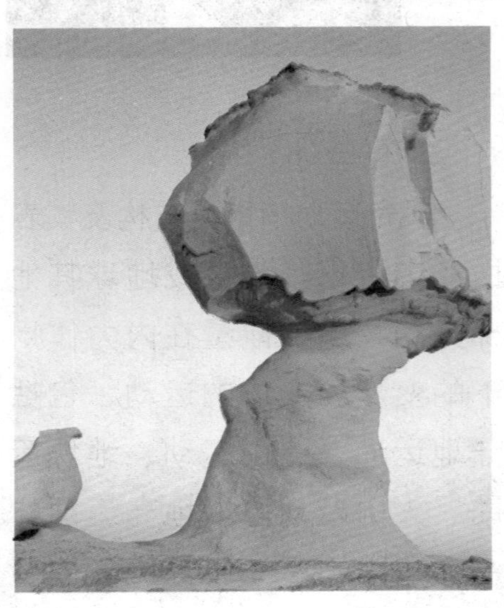

风化作用

风化作用是指地表或接近地表的坚硬岩石、矿物与大气、水及生物接触过程中产生物理、化学变化而在原地形成松散堆积物的全过程。根据风化作用的因素和性质可将其分为三种类型：物理风化作用、化学风化作用、生物风化作用。

岩石是热的不良导体，在温度的变化下，表层与内部受热不均，产生膨胀与收缩，长期作用结果使岩石发生崩解破碎。在气温的日变化和年变化都较突出的地区，岩石中的水分不断冻融交替，冰冻时体积膨胀，好像一把把楔子插入岩石体内直至把岩石劈开、崩碎，这都属物理风化作用。

侵蚀作用

侵蚀作用指雨水、河水、地下水、波浪、冰河、风力等的运动对地表的破坏作用，可分为机械侵蚀作用和化学侵蚀作用。机械侵蚀作用指风力、流水、波浪、冰川在运动中以其产

生的动能对岩石的机械破坏；化学侵蚀作用指流水、地下水等以溶解的方式分解岩石而产生的破坏作用。

搬运作用

搬运作用是指地表和近地表的岩屑和溶解质等风化物被外营力搬往他处的过程，是自然界塑造地球表面的重要作用之一。

外营力包括水流、波浪、潮汐流和海流、冰川、地下水、风和生物作用等。

在搬运过程中，风化物的分选现象以风力搬运为最好，冰川搬运为最差。搬运方式主要有推移、跃移、悬移和溶移等，不同营力有不同的搬运方式。

沉积作用

沉积作用是被运动介质搬运的物质到达适宜的场所后，由于条件发生改变而发生沉淀、堆积的过程。按沉积环境可分为大陆沉积与海洋沉积两类；按沉积作用方式可分为机械沉积、化学沉积和物质沉积三类。

变质作用

地壳中已生成的岩石在地壳运动、岩浆活动的影响下，发生了矿物成分、结构和构造上的变化，引起这种变化发生的作

用叫做变质作用。

经过变质作用生成的岩石叫做变质岩。

引起岩石发生变质的因素主要是温度、压力变化，以及性质活泼的气体和溶液等。

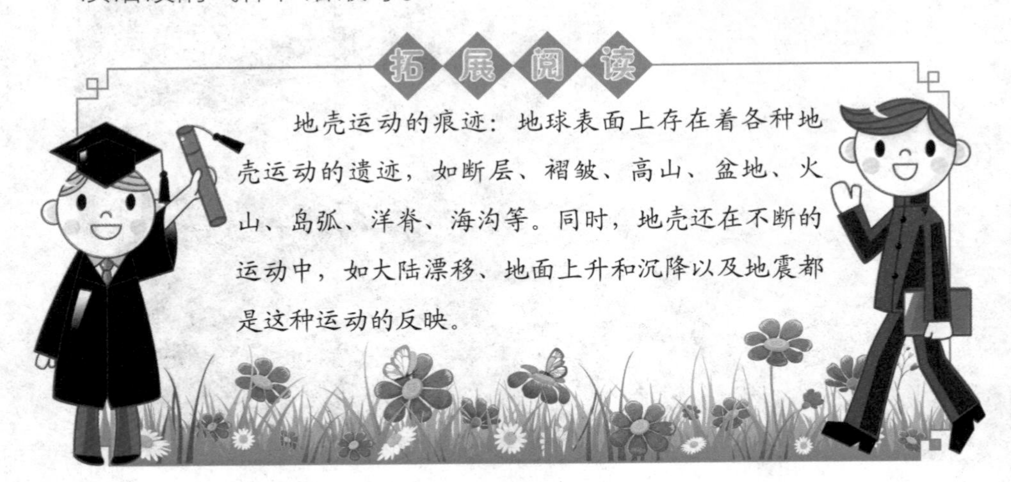

拓展阅读

地壳运动的痕迹：地球表面上存在着各种地壳运动的遗迹，如断层、褶皱、高山、盆地、火山、岛弧、洋脊、海沟等。同时，地壳还在不断的运动中，如大陆漂移、地面上升和沉降以及地震都是这种运动的反映。

地球的资源

太阳能

太阳能是来自地球外部天体的能源，人类所需能量的绝大部分都直接或间接地来自太阳。煤炭、石油、天然气等化石燃料是经过漫长的地质年代形成的，它们实质上是由古代生物固定下来的太阳能。此外，水能、风能等也是由太阳能转换来的。

风能

风能是地球表面大量空气流动所产生的动能。由于地面各处受太阳辐照后气温变化不同和空气中水蒸气的含量不同，因而引起各地气压的差异，在水平方向高压空气向低压地区流动，即形成风。

地热

地热是来自地球内部的一种能量资源。地球上火山喷出的熔岩温度高达1200摄氏度至1300摄氏度，天然温泉的温度大多在60摄氏度以上，有的甚至高达100摄氏度至140摄氏度。这说明地球是一个庞大的热库，蕴藏着巨大的热能。这种热量渗出地表，就有了地热，地热能是一种清洁能源，也是可再生能

源，其开发前景十分广阔。

地热在地球上有不同的呈现形式，按照其储存形式，地热资源可分为蒸气型、热水型、地压型、干热岩型和熔岩型五大类。

矿产

矿产泛指一切埋藏在地下的可供人类利用的天然矿物或岩石资源。矿产可以分为金属矿产、非金属矿产和可燃性有机矿产等几种类型。

金属矿产包括我们常见的铁矿、铜矿、铅锌矿等；非金属包括金刚石、石灰岩等；可燃性有机矿产则包括煤、油页岩、石油、天然气等。

石英

石英为六方柱及菱面的聚形晶体，柱面有横纹，化学成分为二氧化硅，一般呈致密块状，玻璃光泽。颜色不一，无色透明的为“水晶”，紫色的为“紫水晶”，浅玫瑰色的称“蔷薇石英”。

石英是地球表面分布最广的矿物之一，它的用途也相当广泛。其用途主要为：石英钟、电子设备中把压电石英片用作标准频率；熔融后制成的玻璃，可用于制作光学仪器、眼镜、玻璃管和其他产品；还可以作为精密仪器的轴承、研磨材料、玻璃陶瓷等工业原料。

云母

云母族矿物的总称，是由钾、铝、硅等元素组成的化合

物。分白云母和黑云母两种，成分有所不同。呈片状或鳞片状，颜色因成分而异，有珍珠光泽，呈透明或半透明等。

云母的特性是绝缘、耐高温、有光泽、物理化学性能稳定，具有良好的隔热性、弹性和韧性。广泛应用于建材行业、消防行业，以及电焊条、塑料、电绝缘、造纸、沥青纸、橡胶、珠光颜料等工业产品。

石墨

非金属矿物，与金刚石化学成分相同，但由于构造不同，故特性迥异。为六方晶系，常呈磷片状、片状、粒状或块状集合体，完整晶体极少。呈铁黑色或钢灰色，条痕黑灰色，块状体光泽暗淡，不透明，有良好结晶，有金属光泽。硬度1至2，有滑感，高度导电性，耐高温，故常用于制作干电池。化学性质稳定，不溶于酸。一般用于制作铅笔芯、干电池、坩锅等。

滑石

滑石是一种常见的硅酸盐矿物，一般为致密块状或叶片状

集合体，完整晶体不常见。呈各种浅色，质软，硬度1至1.5，用指甲就能划动，有滑感，脂肪或珍珠光泽，条痕白色。

日常生活中滑石的用途很多，如作为耐火材料、造纸、橡胶的填料、绝缘材料、润滑剂、农药吸收剂、皮革涂料、化妆材料及雕刻用料等。

煤

煤是由一定地质年代中生长的繁茂植物在适宜的地质环境中逐渐堆积，在水底或泥沙中经过漫长地质年代的天然煤化作用形成，主要由碳、氢、氧、氮、硫和磷等元素组成。

煤是重要的工业原料和动力，素有“工业粮食”之称，其用途极为广泛。

石油

石油也称原油，是一种天然生成的粘稠、深褐色的油状可燃性液体。

石油主要用来来提炼汽油等燃料，是目前世界上最重要的能源之一。

石油也是许多化学工业产品，如溶液、化肥、杀虫剂和塑料等的原料。

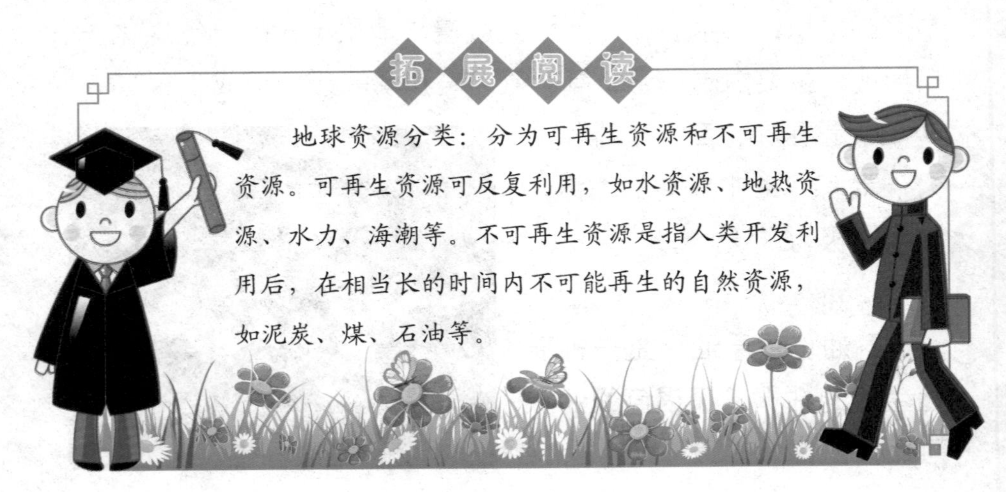

拓展阅读

地球资源分类：分为可再生资源和不可再生资源。可再生资源可反复利用，如水资源、地热资源、水力、海潮等。不可再生资源是指人类开发利用后，在相当长的时间内不可能再生的自然资源，如泥炭、煤、石油等。

地球的年龄

遗迹化石与遗物化石

遗迹化石指保留在岩层中的古生物生活活动的痕迹和遗物。遗迹化石中最重要的是足迹，此外还有节肢动物的爬痕、掘穴、钻孔以及生活在滨海地带的舌形贝所构成的潜穴，均可形成遗迹化石。

遗物化石方面，往往指动物的排泄物或卵。卵可形成蛋化石；各种动物的粪团、粪粒均可形成粪化石。我国白垩纪地层中出土的恐龙蛋就是珍贵的遗物化石。

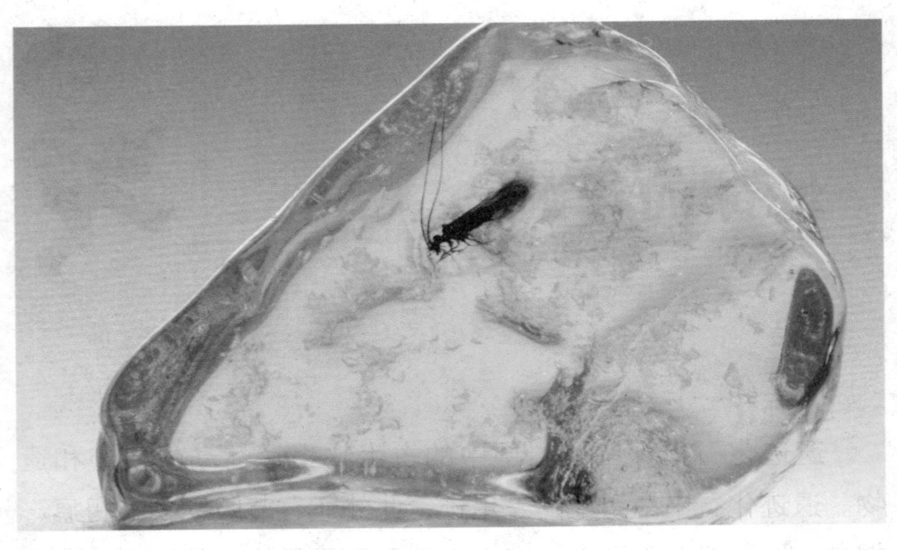

特殊化石

古代植物分泌出的大量树脂，其黏性强、浓度大，昆虫或其他生物飞落其上就被粘连。粘连后，树脂继续外流，昆虫身体就可能被树脂完全包裹起来。在这种情况下，外界空气无法透入，整个生物未经明显变化便被保存下来，就是琥珀。

化学化石

古代生物的遗体有的虽被破坏，未保存下来，但组成生物的有机成分经分解后形成的各种有机物，如氨基酸、脂肪酸等仍可保留在岩层中。这种视之无形，但具有一定的化学分子结构足以证明过去生物存在的化石称为化学化石。随着近代化学研究的发展，

古代生物的有机分子可从岩层中分离出来，对这些有机分子进行鉴定研究，随之产生了一门新的学科——古生物化学。

标准化石

标准化石指能确定地层地质时代的化石，它应具备时限短、演化快、地理分布广泛、特征显著等条件。时限短则层位稳定，易于鉴别；分布广则易于发现，便于比较。例如，三叶虫是我国早古生代的重要标准化石。

根据资料的丰富和认识的提高，标准化石有时也可改变，例如，长期以来，人们认为单笔石只生存于志留纪，后来在早

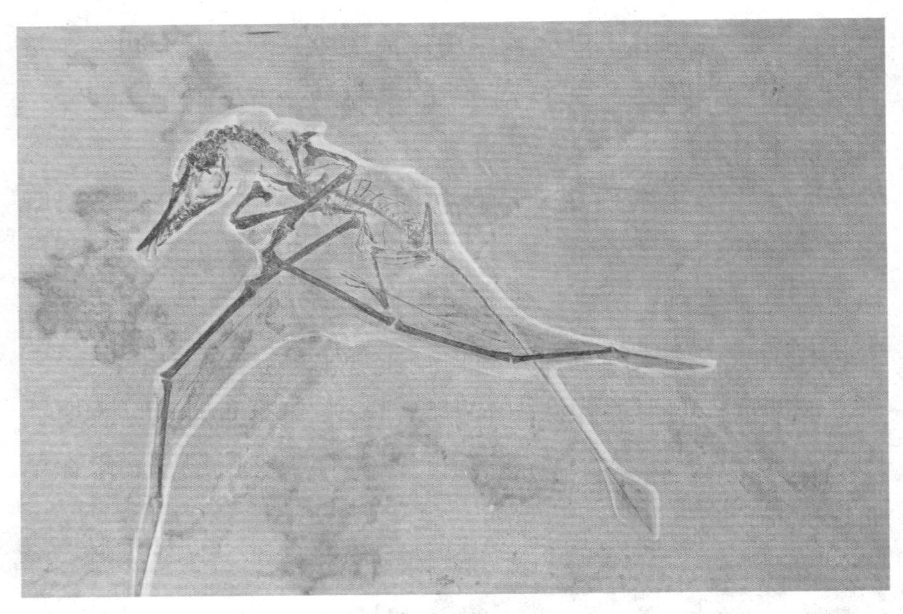

泥盆世地层中也发现有单笔石，故它已是志留纪和早泥盆世的标准化石了。

指相化石

在不同的生物或生物组合中，有些对生活环境、生存的自然地理条件有比较严格的要求，这类生物形成的化石就是指相化石。人们通常以这些生物所形成的化石来推断出当时各地的环境条件。

带化石

带化石是指在地层学中可以用

来作为划分最小地层单位的生物带的依据的化石。

带化石多为标准种或属，可根据其延伸范围或其延伸范围中的极盛阶段等作为生物带的划分标志，一般即以其种名或属名作为带的名称，如纤细丝笔石是纤细丝笔石带的带化石。

木化石

木化石是几百万年或更早以前的树木被迅速埋入地下后，被地下水中的二氧化硅交融而成的树木化石。它保留了树木的木质结构和纹理，颜色为土黄、淡黄、黄褐、红褐、灰白、灰黑等，抛光面可具有玻璃光泽，不透明或微透明。

虫管化石

虫管化石又称栖管化石，指有些环节动物栖居的虫管保存

而形成的化石。环节动物门多毛纲中的有些类别分泌钙质虫管或分泌黏液，胶结砂粒、岩碎等而成虫管。虫体多无硬体，很难保存，仅有虫管常保存为化石。

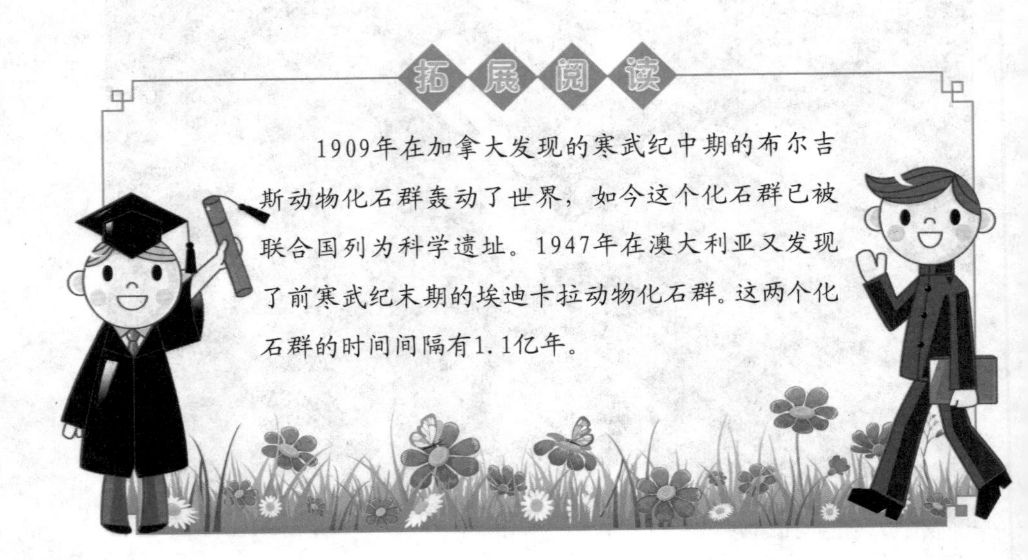

拓展阅读

1909年在加拿大发现的寒武纪中期的布尔吉斯动物化石群轰动了世界，如今这个化石群已被联合国列为科学遗址。1947年在澳大利亚又发现了前寒武纪末期的埃迪卡拉动物化石群。这两个化石群的时间间隔有1.1亿年。

地势地形

海洋

地球表面被陆地分隔为彼此相通的广大水域称为海洋。其总面积约为3.6亿平方千米，约占地球表面积的71%，海洋中含有13.5亿立方千米的水，约占地球上总水量的97%。全球海洋一般被分为数个大洋和面积较小的海。

海岸

广义的海岸指海滨与陆地之间的逐渐过渡地带，范围并不十分明确。狭义的海岸指海滨倾斜角度较大的海岸断崖部分，在涨潮时最高潮面上。按构成物质不同可将海岸分为岩石海岸和沙砾海岸；按其成因可分为侵蚀海岸和堆积海岸。

湖泊

陆地表面洼地积水形成的比较宽广的水域。按成因可分为构造湖、火山湖、冰川湖、堰塞湖、潟湖、人工湖等，按湖水盐度高低可分为咸水湖和淡水湖。

湖泊因其换流异常缓慢而不同于河流，又因与大洋不发生直接联系而不同于海。在流域自然地理条件影响下，湖泊的湖盆、湖水和水中物质相互作用，相互制约，使湖泊不断演变。

湖泊广而不长，与内陆河道不同。具有调蓄水量、发展航运、养殖、灌溉等功效。

岛屿

岛屿指四周被水包围，而比大陆小的陆地，一般大者称岛，小者称屿，岛与屿并无明确界限，通常由砾、砂、泥构成。

岛屿按照其成因可以分为大陆岛、海洋岛和冲积岛，其中海洋岛又可分为火山岛和珊瑚岛。世界上岛屿面积约占陆地总面积的7%。

世界上最大的岛屿是格陵兰岛，我国最大的岛屿是台湾岛。

高原

高原指海拔较高，面积广大，顶面起伏较小，开阔，平缓，四周较陡的高地。通常周围有高大山脉环绕，高原上都有山脉分布。按其成因，可将高原分为三种：地变高原、熔岩高原和侵蚀高原。高原海拔大于平原，起伏小于山地。世界上最大的高原是南美的巴西高原。

山地

山地是指海拔在500米以上的高地，起伏很大，坡度陡峻，沟谷幽深，一般多呈脉状分布。山由山顶、山坡和山麓三个部分组成。按山的高度可分为高山、中山和低山。按山的成

因又可分为褶皱山、断层山、褶皱断层山、火山、侵蚀山等。

山地是一个众多山所在的地域，有别于单一的山或山脉。山地与丘陵的差别是山地的高度差异比丘陵要大。高原的总高度有时比山地大，有时较小，但高原上的高度差异较小，这是山地和高原的区别，但一般高原上也可能会有山地，比如青藏高原。

丘陵

丘陵一般指海拔500米以下，相对高度不超过200米，高低起伏，坡度平缓的低矮山丘。是山地向平原的过渡形状，丘陵的起伏与坡度大于平原而不及山地。丘陵地质构造较之山地比

较单纯。但丘陵地区各地发达，切割明显，山顶多为平而圆的形状。我国有许多丘陵，如江南丘陵等。

平原

平原是指海拔200米以下，相对高度小，起伏小的广大平地。平原海拔较低，以区别于高原，起伏较小区别于丘陵。按其成因可分为构造平原、侵蚀平原、冲积平原。

我国有三大平原，分布在我国东部。东北平原是我国最大的平原，海拔200米左右，广泛分布着肥沃的黑土。华北平原是我国东部大平原的重要组成部分，大部分海拔50米以下，交通便利，经济发达。长江中下游平原大部分海拔50米以下，地势低平，河网纵横，向有“水乡泽国”之称。

冰川

冰川指在极地或高山地区沿地面倾斜方向移动的巨大冰块。冰川移动速度很慢，多年只有几十米，快的可达几百米。冰川的形成大致经过三个阶段：沉积、粒雪化、成冰作用。

在不同的地形和气候条件下，可形成不同冰川类型：大陆冰川、山岳冰川。目前全世界冰川总面积约1600万平方千米，冰川水的储量约2400万立方千米，约合地球淡水储量的68.7%，有“固体水库”之称。

河谷

河谷是指河流在自身流动中在地面塑造而成的长条形的U形凹地。这是由河流流水的冲击、搬运、沉积等作用形成的。河谷被河水覆盖的部分称为河床，一般来说，上游河谷深直陡峭，中下游河谷则逐渐变宽变浅，河床宽广，河漫滩发育完好。

一般河谷形态类型有：隘谷、峡谷、宽谷、复式河谷等。与岩层状况关系可分为顺向河谷、次成谷、逆向谷、偶向谷。其他还有纵谷、横谷的地质构造分类，幼年谷、壮年谷、老年谷的侵蚀轮回分类，以及古河谷、谷中谷等。

三角洲

河流在流入海洋或湖泊时，由于流速减小，河流所携泥沙在河口淤积而形成的类似三角形的地形就是三角洲。

三角洲的顶端指向河流上游，底边为其外缘，地势低平。

三角形包括海面上与海面下两部分。由于泥沙的不断淤积导致海面上部分不断加厚，面积增加，致使三角洲年年向外伸

长，腹地不断扩大，最后多变为土壤肥沃的农耕地区，如我国的珠江三角洲。

沙丘

沙丘指在风力作用的搬运、堆积下形成的沙质丘状地貌。按其形态可分为：新月形沙丘及沙丘链、纵向沙丘、蜂窝状沙丘、抛物线沙丘等。按其流动程度可分为：固定沙丘、半固定沙丘和流动沙丘。沙丘流动时，可淹没道路、村庄、农田等，对人们的生产生活极为不利。我国西北地区有大量流动沙丘，目前正在治理中。

荒漠

荒漠指气候干燥、降水量小、蒸发量大、

植被稀少的地区，一般位于干旱或半干旱气候带。荒漠地带风力作用强大，地表水贫乏，多盐碱土分布。植被具有耐旱、耐盐碱、生长期短等特性，多为灌木林。

荒漠主要分布在南北纬15度至50度之间的地带。其中，15度至35度之间为副热带，是由高气压带引起的干旱荒漠带；北纬35度至50度之间为温带、暖温带，是大陆内部的干旱荒漠区。

戈壁

处于干燥地区的一种由粗砂、砾石覆盖在硬土层上的荒漠地形，一般称为戈壁滩、戈壁荒漠，蒙古语译为“草木难以生长的地方”。按成因可分为风化的砾质戈壁、水成的硬质戈壁和风成的沙质戈壁。

戈壁上气候干燥，降水量小并且易被地表的粗砂、砾石吸收，草木无法生长，在我国的内蒙古北部、新疆的塔里木盆地、准噶尔盆地等地的山麓都有戈壁分布。戈壁滩只有在近水源的地方引水灌溉，才能进行农业、牧业生产。

草原

草原是在半干旱条件下，由旱生或半旱生多年生草本植物组成的植被类型。根据水热组合的差异，可形成不同的草原类型：典型草原、荒漠化草原、草甸草原。

草原也属于土地类型的一种，是具有多种功能的自然综合体，分为热带草原、温带草原等多种类型。草原上生长的多是草本和木本饲用植物，是世界所有植被类型中分布最广的。

绿洲

绿洲指沙漠中水源丰富、土壤肥沃、有草木生长的地方。绿洲上植物生长较好，与周围的戈壁、荒滩景观迥异，是沙漠地区人口集中、农牧业发达的地方。一般分布于河流附近、高山冰雪消融流经地带及地下水出露的地方。

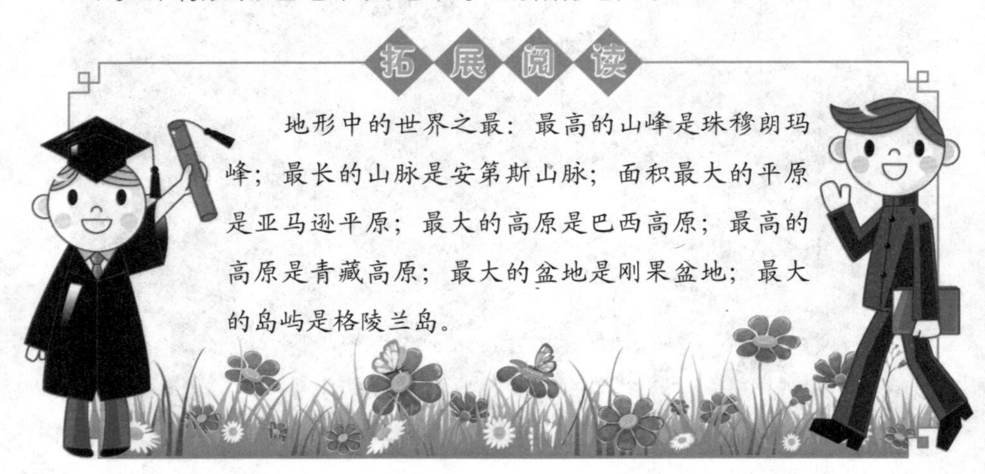

拓展阅读

地形中的世界之最：最高的山峰是珠穆朗玛峰；最长的山脉是安第斯山脉；面积最大的平原是亚马逊平原；最大的高原是巴西高原；最高的高原是青藏高原；最大的盆地是刚果盆地；最大的岛屿是格陵兰岛。

地质和地貌

地质构造

由于地壳运动引起的地壳和岩层的变形变位称为地质构造，其基本形态为褶皱和断层。地质构造是研究地壳运动性质、方式和强度的主要依据。通过研究地质构造，可以了解地壳发展历史中的重大事件。地质构造也是了解矿床贮藏的依据。

褶皱

岩石中表面构造形成的弯曲，单个的弯曲也称褶曲。褶皱的面向上弯曲，两侧相背倾斜，称为背形；褶皱面向下弯曲，两侧相向倾斜，称为向形。如组成褶皱的各岩层间的时代顺序清楚，则较老岩层位于核心的褶皱称为背斜；较新岩层位于核心的褶皱称为向斜。

断层

地壳岩层因受力达到一定强度而发生破裂，并沿破裂面有明显相对移动的构造称断层。在地貌上，大的断层常常形成裂谷和陡崖，如著名的东非大裂谷、我国华山北坡大断崖。

断层是构造运动中广泛发育的构造形态，它大小不一、规模不等，小的不足一米，大到数百至上千千米。但都破坏了岩

层的连续性和完整性，在断层带上往往岩石破碎，易被风化侵蚀。沿断层线常常发育为沟谷，有时出现泉或湖泊。

断层山

断层山指由于地层断裂或错动而形成的块状山体，也称断块山。按其形态可分为地垒式断层山和掀斜式断层山。地垒式断层山是指山边线较平直，陡山坡立的断层崖。相邻的一般为地堑形态，表现为谷地或盆地，如泰山、庐山。掀斜式断层山指山形不对称，一侧为陡峭的断层崖，另一侧为缓长山坡，向谷地或盆地过渡，如恒山、太行山。

地貌

地表的各种地形

总称为地貌。地貌是由地球内力与外力相互作用而形成的，而以内力作用为主，外力作用为辅。内力作用形成地表的基本轮廓，外力作用则通过风化、侵蚀、搬运、沉积、固结等作用塑造地表，使地表趋于平缓。

根据海拔高度与起伏大小将地貌分为：山地、丘陵、高原、平原、盆地；按成因分为：构造地貌、气候地貌、侵蚀地貌、堆积地貌；按动力可分为；流水地貌、冰川地貌、岩溶地貌、风沙地貌、海岸地貌等。

喀斯特地貌

喀斯特地貌是具有溶蚀力的水对可溶性岩石进行溶蚀等作用所形成的地表和地下形态的总称，又称岩溶地貌。除溶蚀作用以外，还包括流水的冲蚀、潜蚀以及坍陷等机械侵蚀过程。喀斯特地貌形成是石灰岩地区地下水长期溶蚀的结果。

我国喀斯特地貌分布广、面积大，主要分布在碳酸盐岩出露地区，面积约91万至130万平方千米。其中以广西、贵州、云南、四川和青海东部所占的面积

最大，是世界上最大的喀斯特区之一。西藏和北方也有分布。

丹霞地貌

一般认为，有陡崖的陆相红层地貌称为丹霞地貌。丹霞地貌主要分布在我国、美国西部、中欧和澳大利亚等地，以我国分布最广。赤水丹霞位于贵州省赤水市境内，是早期丹霞地貌的代表，其面积达1200多平方千米，是全国面积最大、发育最美丽壮观的丹霞地貌。赤水丹霞核心区面积273.64平方千米，是我国丹霞提名项目中面积最大的丹霞景观，是地貌结构分异明显的纯砂岩的高原峡谷型丹霞。

雅丹地貌

雅丹地貌是一种典型的风蚀性地貌。由于风

的磨蚀作用，小山包的下部往往遭受较强的剥蚀作用，并逐渐形成向里凹的形态。如果小山包上部的岩层比较松散，在重力作用下就容易垮塌形成陡壁，从而形成雅丹地貌，有些地貌外观如同古城堡，俗称魔鬼城。

雅丹地貌的形成有两个关键因素：一是发育这种地貌的地质基础，即湖相沉积地层；二是外力侵蚀，即荒漠中强大的定向风的吹蚀和流水的侵蚀。

黄土地貌

我国是世界上黄土分布最广、厚度最大的国家，其范围北起阴山山麓，东北至松辽平原和大小兴安岭山前，西北至天山、昆仑山麓，南达长江中下游地域，面积约60多万平方千米，其中以黄土高原最集中。黄土在流水侵蚀等外力作用下，

沟壑纵横，岗丘连绵，形成地面十分破碎的黄土地貌。

风积地貌在干旱地区风沙地貌最为普遍，发育最完好。

风沙地貌

风沙地貌指在风力作用下对地表泥沙、碎屑的侵蚀、搬运和堆积作用过程中形成的各种地貌。一般分为风蚀地貌和风积地貌两种类型。

在干旱地区，风沙地貌最为普遍，发育最完好。在半干旱地区，大陆冰川边缘，植被稀少的沙质海岸、湖岸等风力强大的地方也发育了不少风沙地貌。

风蚀地貌在地表处最为明显，其主要类型有风蚀谷、风蚀残丘、风域等。

风积地貌是被风搬运的物质在某种条件下堆积形成的地貌。风积地貌主要是指沙漠地

区的沙丘而言。风速、地面结构、下垫面性质改变或遇障碍物等，都会改变风沙流的容量。容量减小时饱和风沙流中的物质就从气流中跌落，发生堆积，从而形成各种风积地貌形态。其中最突出的是各种沙丘、平沙地以及风积与生物堆积混合形成的灌丛沙堆等。

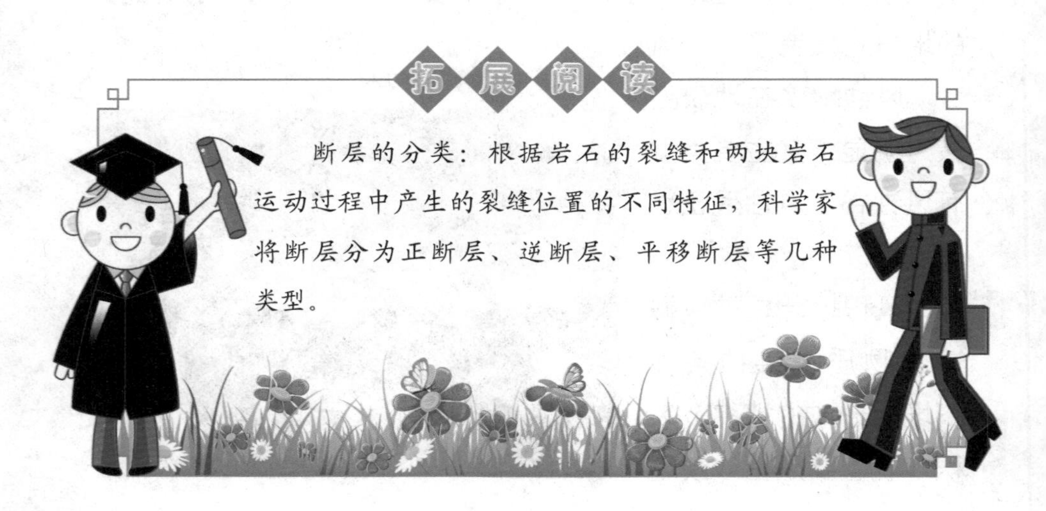

拓展阅读

断层的分类：根据岩石的裂缝和两块岩石运动过程中产生的裂缝位置的不同特征，科学家将断层分为正断层、逆断层、平移断层等几种类型。

海洋地貌

大洋盆地

大洋盆地是海洋的主体，约占海洋总面积的45%，其周边与大陆裙相邻，有的直接与海沟相接。其中主要部分是水深在4000米至5000米的开阔水域，称为深海盆地。

大洋盆地并不是真正的“平原”，其内也是凹凸不平的。

大洋中脊

地球上最长最宽的环球性大洋中的山系，占海洋总面积的33%；分脊顶区和脊翼区。脊顶区由多列近于平行的岭脊和谷地相间组成。脊翼区随洋壳年龄增大和沉积层加厚，岭脊和谷地间的高差逐渐减小，有的谷地可被沉积物充填成台阶状，远离脊顶

的翼部可出现较平滑的地形。

大陆边缘

大陆边缘为大陆与洋底两大台阶面之间的过渡地带，约占海洋总面积的22%。通常分为大西洋型大陆边缘和太平洋型大陆边缘。前者由大陆架、大陆坡、大陆隆三个单元构成，地形宽缓。后者因大陆架狭窄，大陆坡陡峭，大陆隆不发育而被海沟取代。

大陆架

大陆架是大陆向海洋的延伸，通常被认为是陆地的一部分，又叫陆棚或大陆浅滩。它是指环绕大陆的浅海地带。大陆架有丰富的矿藏和海洋资源，已发现的有石油、煤、天然气、铜、铁等20多种矿产，其中已探明的石油储量是整个地球石油储量的1/3。大陆架上深度较浅，海底营养物质丰富，是海洋生物繁殖的最佳场所，所以在渔业上非常重要。大陆架还是石油储存的主要场所。

大陆隆

大陆隆也称大陆裙，位于大陆坡和深海平原之间。靠近大陆坡的地方较陡，向深海减缓，平均坡度0.5度至1度，水深1500米至5000米。主要分布在大西洋、印度洋、北冰洋边缘和南极洲周围。在太平洋仅西部边缘海向陆地一侧有大陆隆，在

太平洋周围的海沟附近缺失大陆隆。大陆隆上的沉积物主要是来自大陆的黏土及砂砾，厚度在2000米以上。

大陆坡

大陆坡介于大陆架和大洋底之间，大陆架是大陆的一部分，大洋底是真正的海底，因而大陆坡是联系海陆的桥梁，它一头连接着陆地的边缘，一头连接着海洋。

大陆坡虽然分布在水深200米至4000米的海底，但是其地壳上层以花岗岩为主，通常归属于大陆型地壳，只有极少部分归属于过渡性地壳。

海沟

海沟是大洋底上比相邻海底深2000米以上的狭长的凹陷陡峭两壁，它是海底的深渊。海沟多分布在大洋边缘，而且与大陆边缘相对平行。在地质学上，海沟被认

为是海洋板块和大陆板块相互作用的结果。

地球上主要的海沟都分布在太平洋周围地区，环太平洋的地震带也都位于海沟附近。地球上最深，也是最知名的海沟是马里亚纳海沟，它位于西太平洋马里亚纳群岛东南侧，深度大约11034米。

海底河流

海底河流是在重力的作用下，经常或间歇地沿着海底沟槽流动的水流。海底河流也像陆地河流一样，能够冲出深海平原。深海平原就像海洋世界中的沙漠一样荒芜，这些地下河渠能够将生命所需的营养成分带到这些“沙漠”中来。因此，这些海下河流非常重要，就像是为深海生命提供营养的动脉。

深海平原

深海中也有如同陆地平原一样的地貌，这就是深海平原。

深海平原一般位于水深3000米至6000米的海底，位于大陆架和大洋中脊之间，延展数百千米宽。它们的起伏通常很小，每千米相差10厘米至100厘米。深海平原大约覆盖了海洋面积的40%，在大西洋分布最多。深海平原的形成主要是由于地层深处的硅镁带被上涌的地幔所带上地面，在大洋中脊形成新的海洋地壳。

珊瑚礁海岸

珊瑚礁海岸是造礁珊瑚、孔虫、石灰藻等生物残骸构成的海岸。珊瑚礁海岸依其特征可分为岸礁、堡礁和环礁。岸礁通常紧贴岩岸发育，宽几百米至上千米，好像一条花边镶在海岸上。它一般紧靠陆地发育分布，构成一个位于海面下的平台，对岩岸起了保护作用。

珊瑚礁海岸的分布很广，最多的地方是太平洋中部和西部、澳大利亚的东岸和北岸，巴西的东岸以及红海沿岸，我国的南海诸岛这种海岸的分布也不少。

海底热泉

海底热泉是海底深处的喷泉，原理和火山喷泉类似，喷出来的热水就像烟囱一样，目前发现的热泉有白烟囱、黑烟囱、黄烟囱。1979年，美国科学家比肖夫博士首次在太平洋2500米接近海底时，看到这一奇异的景象：蒸气腾腾、烟雾缭绕、烟囱林立。经过仔细观察，他们发现在“烟囱林”中有大量各种生物生存，它们基本上是围绕着烟囱生存的。

海底火山

海底火山是大洋底部形成的火山。海底火山分布相当广泛，喷发的溶岩表层在海底就被海水急速冷却，但内部仍是高热状态，如挤牙膏状。绝大部分海底火山位于构造板块运动的附近区域，被称为中洋脊。

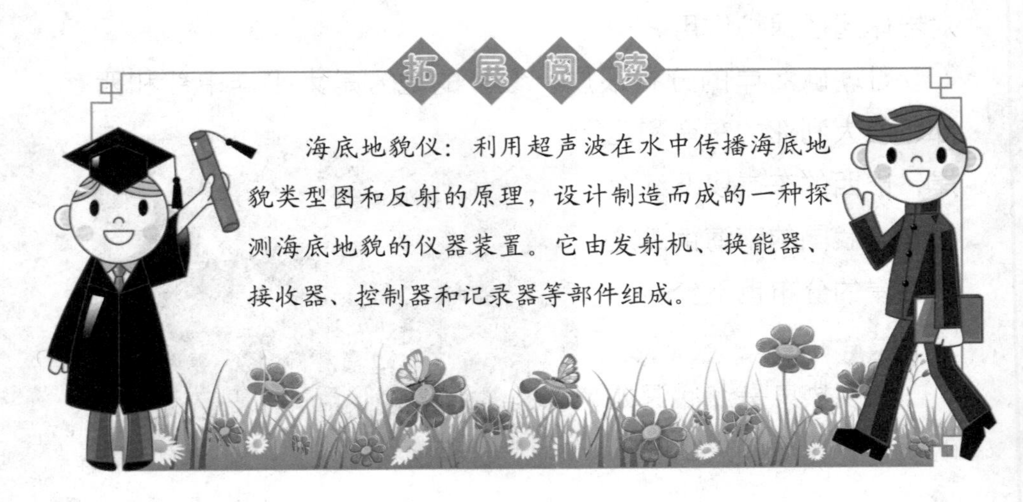

海底地貌仪：利用超声波在水中传播海底地貌类型图和反射的原理，设计制造而成的一种探测海底地貌的仪器装置。它由发射机、换能器、接收器、控制器和记录器等部件组成。

河流湖泊

内流河

内流河指不能流入海洋，只能流入内陆湖或在内陆消失的河流。这类河流的年平均流量一般较小，但因暴雨、融雪引发的洪峰却很大。内流河成因主要是河流流经的区域高温干旱，两岸不但没有支流汇入，而且河水因大量的蒸发、渗漏而消失在内陆。

外流河

直接或间接流入海洋的河流叫外流河。外流河的流域称为外流区。

我国外流河主要分布于东部季风区，河水量受降水影响大，河流的流量、水位随降水的季节变化明显，夏季普遍形成汛期。

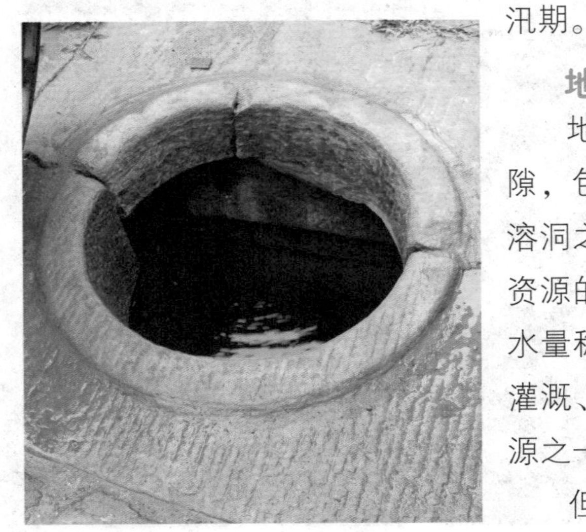

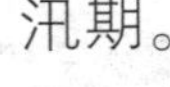

地下水

地下水是贮存于地层空隙，包括岩石孔隙、裂隙和溶洞之中的水。地下水是水资源的重要组成部分，由于水量稳定，水质好，是农业灌溉、工矿和城市的重要水源之一。

但在一定条件下，地下

水的变化也会引起沼泽化、盐渍化、滑坡、地面沉降等不利自然现象。

根据地下埋藏条件的不同，地下水可分为上层滞水、潜水和自流水三大类。

泉

泉是地下水天然露出地表，或者地下含水层露出地表。根据水流状况的不同，可以分为间歇泉和常流泉。如果地下水露出地表后没有形成明显水流，称为渗水。

根据水流温度，泉又可以分为温泉和冷泉。泉的分类方法很多，按照泉水露出时水动力学性质还可将泉分为上升泉和下降泉两大类。

构造湖

构造湖是在地壳内力作用下形成的。构造盆地上经储水而形成的湖泊。其特点是湖形狭长、水深而清澈。构造湖一般具有十

分鲜明的形态特征，即湖岸陡峭并且沿构造线发育，湖水一般都很深。同时，还经常出现一串依构造线排列的构造湖群。

构造湖可以分为：对称断陷湖或对称地堑湖；不对称断陷湖或对称半地堑湖；对称凹陷湖；不对称凹陷湖。还有以上类型的复合湖型等。也可以按照地壳运动的性质分为褶皱湖和断层湖两大类。

运河

运河是用以沟通地区或水域间水运的人工水道，通常与自然水道或其他运河相连。除航运以外，运河还可用于灌溉、分洪、排涝、给水等。按照位置和作用的不同，运河可分为海运河、内陆运河、跨岭

运河、旁支运河等。

我国的运河建设历史悠久，秦始皇在公元前219年，为沟通湘江和漓江之间的航运而开挖了灵渠。我国京杭运河是世界上最长的运河。

瀑布

瀑布在地质学上叫跌水，即河水在流经断层、凹陷等地区时垂直地跌落。在河流的时段内，瀑布是一种暂时性的特征，它最终会消失。瀑布的侵蚀作用的速度取决于特定瀑布的高度、流量、有关岩石的类型与构造，以及其他一些因素。

瀑布是地球上很壮美的自然景观。世界上最著名的三大瀑布分别是：尼亚加拉瀑布、维多利亚瀑布和伊瓜苏瀑布。

火山湖

火山喷发后，喷火口内因大量浮石被喷出来和挥发性物质的散失，会引起颈部塌陷形成漏斗状洼地，即火山口。

后来，由于降雨、积雪融化或者地下水等使火山口逐渐储存大量的水，从而形成

火山湖。

火山湖包括火山口湖、火口原湖和溶岩堰塞湖。我国最深的湖泊长白山天池就是闻名世界的火山湖。

冰川湖

冰川湖是指小型山地湖泊，尤其是冰川侵蚀而成的洼地中的湖泊。冰川湖是由冰川侵蚀成的洼坑和水碛物堵塞冰川槽谷积水而成的一类湖泊。冰川湖主要分布在高山冰川作用过的地方，其中在唐古拉山和喜马拉雅山区较为普遍。它们分布的海拔一般较高，而湖体较小，多数是有出口的小湖。

风成湖

风成湖泊都是些不流动的死水湖，而且面积小，水浅而无出口，湖形也多变，常是冬春积水，夏季干涸或成为草地。由于沙丘随定向风的不断移动，湖泊常被沙丘掩埋而成地下湖。

非洲的摩洛哥东部有一个“鬼湖”，晚上，明明是水深几百

米的大湖，天亮后，便会变成百米高的大沙丘。其实，不是鬼在作怪，而是地下有一条巨大的伏流，地层变动时便涌溢上来成大湖。刮起大风沙时，风沙又把它填塞，湖就消失而成沙丘。

河成湖

由于河流变动和改道而形成的湖泊。河成湖的形成往往与河流的发育和河道变迁有着密切关系，并且主要分布在平原地区。因受地形起伏和水量干枯等影响，河道经常迁徙，因而形成了多种类型的河成湖。

河成湖可分为三类：一是由于河流变动，其天然堤堵塞支流而成湖；二是由于河流本身被外来泥沙壅塞，水流宣泄不畅成湖；三是河流截弯取直后废弃的河段形成牛轭湖。

海成湖

海岸线受海浪的冲击、侵蚀，其形态由平直变成弯曲，形

成海湾，海湾口两旁往往由狭长的沙咀组成。狭长的沙咀越来越靠近海湾，渐渐地海湾与海洋失去联系而形成海成湖。

如杭州西湖，约在数千年以前，西湖还是一片浅海海湾，以后由于海潮和钱塘江挟带的泥沙不断在湾口附近沉积，使湾内海水与海洋完全分离，海水经逐渐淡化才形成今日的西湖。

人工湖

一般是人们有计划、有目的挖掘出来的一种湖泊，是在非自然环境下产生的，也是日常生活中经常提到的水库。水库是用于拦洪蓄水和调节水流的水利工程建筑物，可以用来灌溉、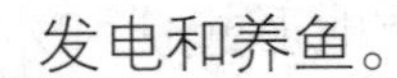发电和养鱼。

在某些地方，人工湖是一种以景观等为目的存在的建筑物，例如，北大的未名湖。一些较大的人工湖对当地的生态有

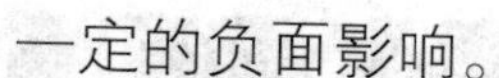

一定的负面影响。

熔岩湖

熔岩湖是由溢出的熔岩在火山口或破火山口洼地内长期保持液态而成的湖。

由于结晶缓慢，岩石结晶程度明显增高，下部与火山通道相连，岩石可达全晶质。熔岩湖多为流动性较强的玄武质岩石组成，面积一般不大，如海南岛群修岭火山口中就有面积很小的熔岩湖。

世界上最大的熔岩湖是非洲大湖地区中心尼拉贡戈火山形成的熔岩湖。这个熔岩湖火山的坑边缘海拔约3470米，熔岩湖深度达250米，堪称非洲大陆的一大奇观。

咸水湖

咸水湖是指湖水含盐量较高的湖泊，一般以含盐量在1%以上的为咸水湖。通常是湖水不排出或排出不畅，蒸发造成湖水盐分富集形成的，故多形成于干燥的内陆区。

我国境内的咸水湖有青海湖、罗布泊、那木错等。

淡水湖

淡水湖是指以淡水形式积存在地表上的湖泊，有封闭式和开放式两种。

封闭式的淡水湖大多位于高山或相当内陆区域，没有明显的河川流入和流出。

开放式的则可能相当大，湖中有岛屿，并有多条河川流入、流出。

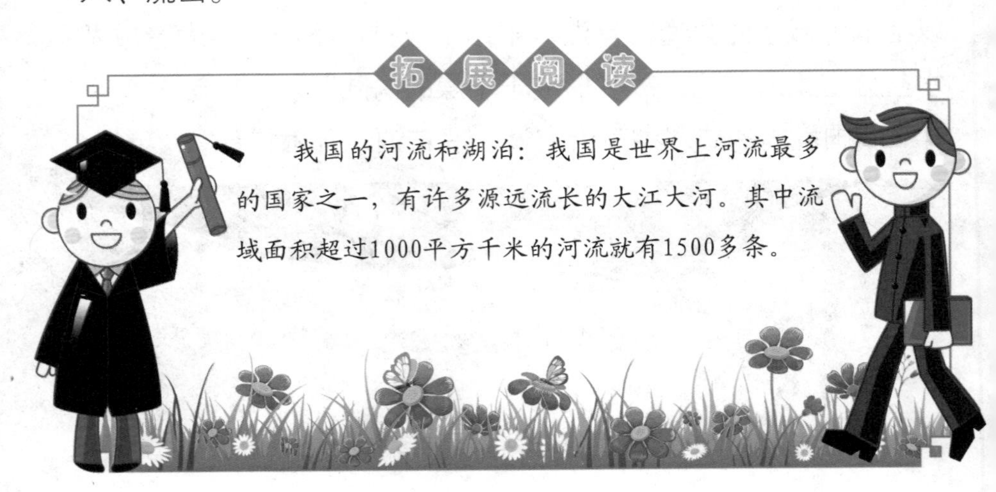

我国的河流和湖泊：我国是世界上河流最多的国家之一，有许多源远流长的大江大河。其中流域面积超过1000平方千米的河流就有1500多条。

地球的土壤

土壤矿物质

土壤矿物质是岩石经过风化作用形成的不同大小的矿物颗粒。土壤矿物质种类很多，化学组成复杂，它直接影响土壤的物理、化学性质，是作物养分的重要来源之一。

有机质

有机质含量的多少是衡量土壤肥力高低的一个重要标志，它和矿物质紧密地结合在一起。土壤有机质按其分解程度分为新鲜有机质、半分解有机质和腐殖质。腐殖质是指新鲜有机质经过微生物分解转化所形成的黑色胶体物质，一般占土壤有机质总量的85%至90%以上。

微生物

土壤微生物的种类很多，有细菌、真菌、藻类和原生动物等。土壤微生物的数量也很大，一克土壤中就有几亿至几百亿个。一亩地耕层土壤中，微生物的重量有几百千克到上千千克。

土壤越肥沃，微生物越多。微生物在土壤中主要有三大作

用：一是分解有机质；二是分解矿物质；三是固定氮素。

水分

土壤是一个疏松多孔体，其中布满着蜂窝状的孔隙，直径0.001毫米至0.1毫米的土壤孔隙叫毛管孔隙。存在于土壤毛管孔隙中的水分能被农作物直接吸收利用，同时，还能溶解和输送土壤养分。毛管水可以上下左右移动，但移动的快慢决定于土壤的松紧程度。松紧适宜，移动速度最快，过松过紧，移动速度都较慢。降水或灌溉后，随着地面蒸发，下层水分沿着毛管迅速向地表上升。所以应在分墒后及时采取中耕、耙、耱等措施，使地表形成一个疏松的隔离层，切断上下层毛管的联系，防止跑墒。

砖红壤

砖红壤是热带雨林或季雨林中的土壤在热带季风气候下，发生强度富铝化作用和生物富集作用而发育成的深厚红色土壤，因土壤颜色类似烧的红砖而得名。砖红壤是具有枯枝落叶层、暗红棕色表层和棕红色铁铝残积层的强酸性铁铝土。

我国的雷州半岛和海南岛北部因是由玄武岩母质发育的砖

红壤而呈暗红色。土层深厚，质地黏重，黏粒含量高达60%以上，呈酸性至强酸性反应。

赤红壤

赤红壤为砖红壤与红壤之间的过渡类型。南亚热带季风气候区，气温较砖红壤地区略低，年平均气温为21摄氏度至22摄氏度，年降水量在1200毫米至2000毫米之间。赤红壤风化淋溶作用略弱于砖红壤，颜色红。土层较厚，质地较黏重，肥力较差，呈酸性。赤红壤区的原生植被为南亚热带季雨林，植被组成既有热带雨林成分，又有较多的亚热带植物种属。赤红壤地区现有植被结构趋势是自北向南、自东向西热带性种属增多。

黄棕壤

黄棕壤是黄红壤与棕壤之间过渡型土类。夏季高温，冬季较冷，年平均气温为15摄氏度至18摄氏度，年降水量为750毫米至1000毫米。植被是落叶阔叶林，但杂生有常绿阔叶树种。黄棕壤既具有黄壤与红壤富铝化作用的特点，又具有棕壤粘化作用的特点。呈弱酸性反应，自然肥力比较高。在我国北起秦岭、淮河，南到大巴山和长江，西自青藏高原

东南边缘，东至长江下游地带都有黄棕壤的分布。

暗棕壤

暗棕壤分布在中温带湿润气候。年平均气温零下1摄氏度至5摄氏度，冬季寒冷而漫长，年降水量600毫米至1100毫米，是温带针阔叶混交林下形成的土壤。

暗棕壤土壤呈酸性反应，它与棕壤比较表层有较丰富的有机质、腐殖质，是比较肥沃的森林土壤。

暗棕壤分布很广，是我国东北地区占地面积最大的一类森林土壤。分布于小兴安岭、长白山、完达山及大兴安岭东坡一线。

黑钙土

黑钙土分布在温带半湿润大陆性气候。年平均气温零下3摄氏度至3摄氏度，年降水量350毫米至500毫米。植被为产草

量最高的温带草原和草甸草原。

黑钙土的土壤颜色以黑色为主，呈中性至微碱性反应，钙、镁、钾、钠等无机养分也较多，土壤肥力高。黑钙土由腐殖质层、腐殖质过渡层、钙积层和母质层组成。一般分为淋溶黑钙土、草甸黑钙土、黑钙土和碳酸盐黑钙土四个亚类。

栗钙土

栗钙土是温带半干旱草原下，具有栗色腐殖质层和碳酸钙淀积层的土壤，是钙层土中分布最广、面积最大的土类。草场为典型的干草原，生长不如黑钙土区茂密。腐殖质积累程度比黑钙土弱些，但也相当丰富，厚度也较大，土壤颜色为栗色。

该土层呈弱碱性反应，局部地区有碱化现象。土壤质地以细沙和粉沙为主，区内沙化现象比较严重。

栗钙土可以分为普通栗钙土、暗栗钙土、淡栗钙土、草甸栗钙土、盐化栗钙土、碱化栗钙土及栗钙土性土。

高山草甸土

高山草甸土分布在气候温凉而较湿润的地区，年平均气温在零下2摄氏度至零上1摄氏度左右，年降水量400毫米左右。高山草甸植被，剖面由草皮层、腐殖质层、过渡层和母质层组成。土层薄，土壤冻结期长，通气不良，土壤呈中性反应。

荒漠土

荒漠土分布在温带大陆性干旱气候区域，年降水量大部

分地区不到100毫米。植被稀少，以非常耐旱的肉汁半灌木为主。土壤基本上没有明显的腐殖质层，土质疏松，缺少水分，土壤剖面几乎全是砂砾，碳酸钙、石膏和盐分聚积多，土壤发育差。

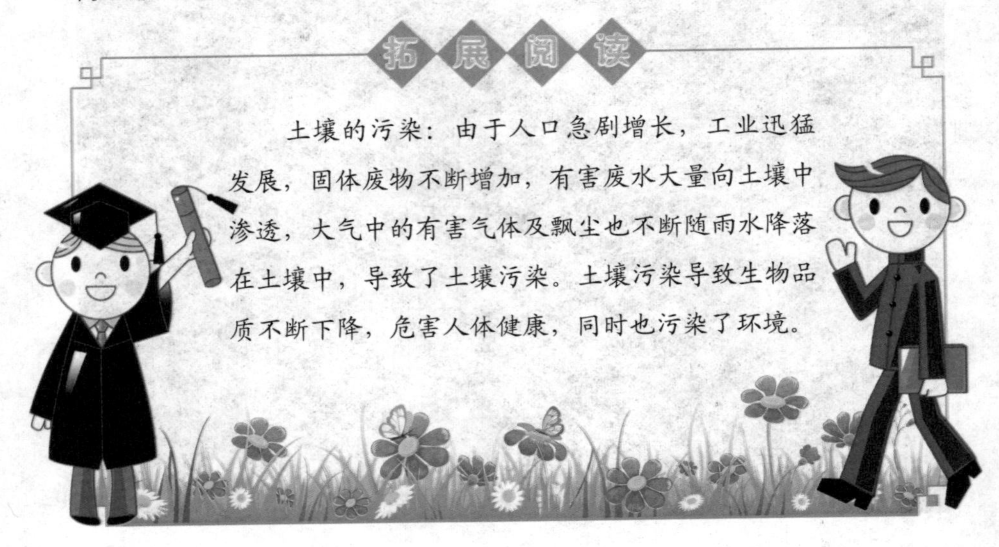

拓展阅读

土壤的污染：由于人口急剧增长，工业迅猛发展，固体废物不断增加，有害废水大量向土壤中渗透，大气中的有害气体及飘尘也不断随雨水降落在土壤中，导致了土壤污染。土壤污染导致生物品质不断下降，危害人体健康，同时也污染了环境。

地球的火山

火山

地壳之下100千米至150千米处有一个液态区，区内存在着高温、高压下含气体挥发成分的熔融状硅酸盐物质，即岩浆。它一旦从地壳薄弱的地段冲出地表，就形成了火山。火山爆发能喷出多种物质。

活火山

活火山指现在尚在活动或周期性发生喷发活动的火山。这

类火山正处于活动的旺盛时期。那些不是现在就要喷发，而在将来可能再次喷发的火山也可称为活火山。

死火山

死火山指史前曾发生过喷发，但有史以来一直未再活动过的火山。此类火山已丧失了活动能力。

有的火山仍保持着完整的火山形态，有的则已遭受风化侵蚀，只剩下残缺不全的火山遗迹。我国山西大同火山群在方圆约123平方千米的范围内，分布着99个孤立的火山锥，其中狼窝山火山锥高将近1900米。

休眠火山

休眠火山指有史以来曾经喷发过但长期以来处于相对静止状态的火山。此类火山都保存有完好的火山锥形态，仍具有火山活动能力，或尚不能断定其已丧失火山活动能力。

我国长白山天池，曾于1327年和1658年两度喷发，在此之前还有多次活动。目前虽然没有喷发活动，但从山坡上一些深不可测的喷气孔中不断喷出的高温气体，可见该火山目前正处于休眠状态。

火山喷发

火山喷发是一种奇特的地质现象，也是地壳运动的一种表现形式，它是地球内部热能在地表的一种最强烈的显示，是岩浆等喷出物在短时间内从火山口向地表的释放。

由于岩浆中含大量挥发成分，加之上覆岩层的围压，使这些挥发成分溶解在岩浆中无法溢出，当岩浆上升靠近地表时，压力

减小，挥发成分急剧被释放出来，于是形成火山喷发。地质学家把火山喷发归结为三种形式：裂隙式、熔透式和中心式。

裂隙式喷发

裂隙式喷发又称冰岛型火山喷发。岩浆沿地壳中的断裂带或裂隙溢出地表，这样形成的火山通道在地表呈窄而长的线状，向下呈墙壁状。这类喷发没有强烈的爆炸现象，喷发温和宁静，喷出的岩浆为黏性小的基性玄武岩浆，碎屑和气体少。

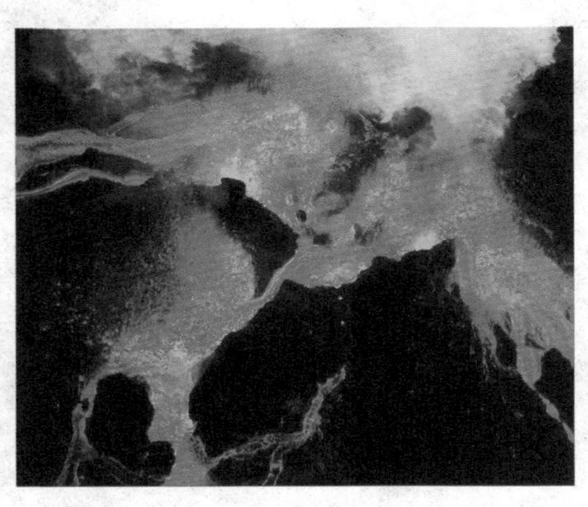

基性熔岩溢出后，可以形成广而薄的熔岩

流、熔岩坡或熔岩台地，甚至形成熔岩高原。

爆烈式喷发

爆烈式喷发是中心式喷发其中的一种。火山爆发时，产生猛烈爆炸的同时喷出大量的气体和火山碎屑物质，喷出的熔浆以中酸性熔浆为主。一般来说中心式喷发的猛烈程度主要与岩浆的黏稠度及其中所含的挥发性成分有关，黏稠度高、挥发性成分多都会导致剧烈的喷发。

1902年12月16日，西印度群岛的培雷火山爆发震撼了整个世界。它喷出的岩浆黏稠，同时喷出大量浮石和炽热的火山灰。这次造成26000人死亡的喷发就属此类，也称培雷型。

火山灾害

火山灾害有两大类，一类是由于火山喷发本身造成直接灾害；另一类是由于火山喷发而引起的间接灾害。实际上，在火山喷发时，这两类灾害常常是兼而有之。火山碎屑流、火山熔岩流、火山喷发物都能造成灾害。

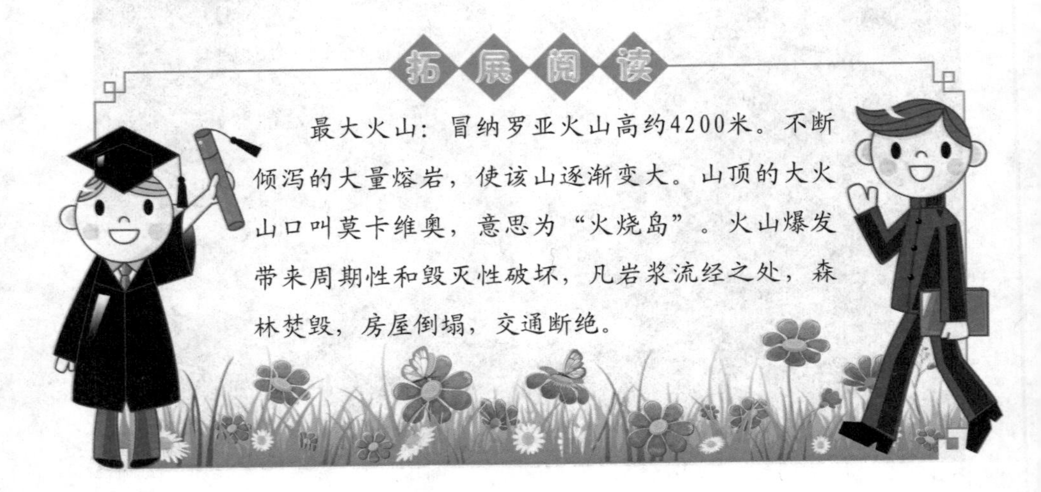

拓展阅读

最大火山：冒纳罗亚火山高约4200米。不断倾泻的大量熔岩，使该山逐渐变大。山顶的大火山口叫莫卡维奥，意思为“火烧岛”。火山爆发带来周期性和毁灭性破坏，凡岩浆流经之处，森林焚毁，房屋倒塌，交通断绝。

可怕的地震

地震波

凡由自然地震或人工爆破在地球内部产生的弹性振动波统称为地震波。按其成因的不同可分为天然地震波和人工地震波。地震波按传播方式分为三种类型：纵波、横波和面波。

震源

地球内部岩层破裂引起振动的地方称为震源。它是有一定大小的区域，又称震源区或震源体，是地震能量积聚和释放的地方。人为因素引起的地震的震源称人工震源，如人工爆破等。天然

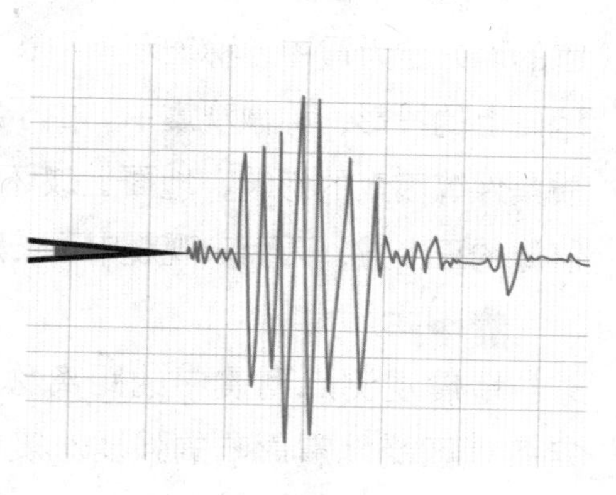

地震震源和人工爆破震源的性质有很大区别。

震中

震中是震源在地表的投影点，也称震中位置，是震源在地表水平面上的垂直投影，用经纬度表示。实际上震中并非一个点，而是一个区域。

确定震中位置一般有两种方法：一是震后调查，将破坏最厉害的地方定为震中，称宏观震中；二是根据地震仪测定的震源在地面上的投影，称微观震中。由于震源区的物理状态和地震区地质条件等因素的影响，地面上破坏力最大的地点不一定正好位于震源的正上方，因而宏观震中不一定与微观震中重合。

震中距

地震观测点到震中的距离称为震中距。震中距的大小决定各地区受地震影响的强弱。震中距小于100千米的称为地方震；在100千米至1000千米范围称为近震；大于1000千米则称为远震。地球上发生地震的地方有深有浅，从地下几千米至数百千米，均有地震发生。同样大小的地震，震源越浅，所造成的破坏越大。

地震震级

根据地震释放的能量大小而定。目前国际上通用的是里氏分级表，共分9个等级，在实际测量中，震级则是根据地震仪对地震波所作的记录计算出来的。地震越大，震级的数字也越大，震级每差一级，通过地震被释放的能量约差32倍。由于震级与震源的物理特性没有直接的联系，因此现在多用矩震级来

表示。现今人类有记录的震级最大的地震是1960年5月21日智利发生的9.5级地震，所释放的能量相当于一颗1800万吨炸药量的氢弹。

地震烈度

同样大小的地震造成的破坏不一定是相同的，同一次地震，在不同的地方造成的破坏也不一样。烈度不仅与地震的释放能量、震源深度、距离震中的远近有关，还与地震波传播途径中的工程地质条件和工程建筑物的特性有关。

于是，为了衡量地震的破坏程度，科学家“制作”了一把“尺子”，这

就是地震烈度。

构造地震

构造地震是由地壳运动所引起的地震。一般认为，地壳运动是长期的，缓慢的，一旦地壳所积累的地应力超过了组成地壳岩石极限强度时，岩石就要发生断裂而引起地震。

也就是地应力从逐渐积累到突然释放时才发生地震。构造地震是一种活动频繁、影响范围大、破坏力强的地震，世界上90%以上地震和最大的地震都属于构造地震。

火山地震

由于火山作用，如岩浆活动、气体爆炸等引起的地震称为火山地震。

只有在火山活动区才可能发生火山地震，这类地震只占全世界地震的7%左右。

火山地震可产生在火山喷发的前夕，也可在火山喷发的同时。其特点是震源常限于火山活动地带，一般深度不超过10千米的浅源地震，震级较大，多属于没有主震的地震群型。

塌陷地震

由于地下岩洞或矿井顶部塌陷而引起的地震称为塌陷地震。这类地震的规模比较小，次数也很少，即使有，也往往发生在溶洞密布的石灰岩地区或大规模地下开采的矿区。塌陷地震只占地震总数的3%左右，并且震源浅，震级也不大，影响范围及危害较小。但在矿区范围内，塌陷地震也会对矿区人员的生命造成威胁，并直接影响矿区生产，因此对这种地震也需加以重视。

诱发地震

在特定地区因某种地壳外界因素诱发引起的地震，称为诱发地震。这些外界因素可以是地下核爆炸、陨石坠落、石油钻井灌水等，其中最常见的是水库地震。

水库蓄水后改变了地面的应力状态，并且库水渗透到已有的断层中，起到润滑和腐蚀作用，促使断层产生新的滑动。但并不是所有水库蓄水都会发生水库地震。

人工地震

地下核爆炸、炸药爆破等人为引起的地面振动称为人工地震。人工地震是由人为活动引起的，在深井中进行高压注水以及大水库蓄水后增加了地壳的压力，有时也会诱发地震。一般来说，能量越大的活动引起人工地震的震级越大，但人工地震震级也受地质条件的影响。人工地震虽有不利的影响，但一般不会造成严重损害。

地震分布

地震的地理分布受一定的地质条件控制，具有

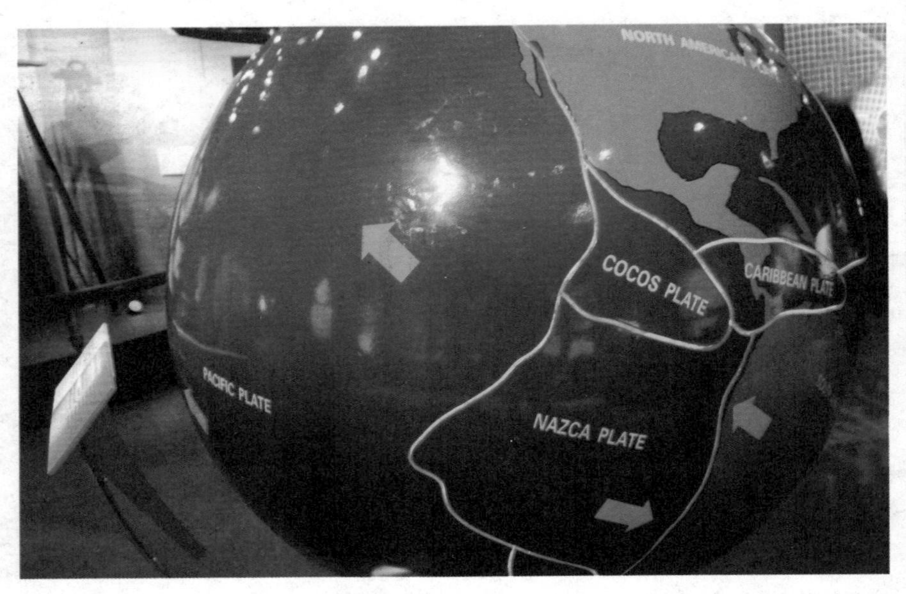

一定的规律。地震大多分布在地壳不稳定的部位，特别是板块之间的边界，常常形成地震活动活跃的地震带。全世界主要有三个地震带：一是环太平洋地震带； 二是欧亚地震带；三是中洋脊地震带。

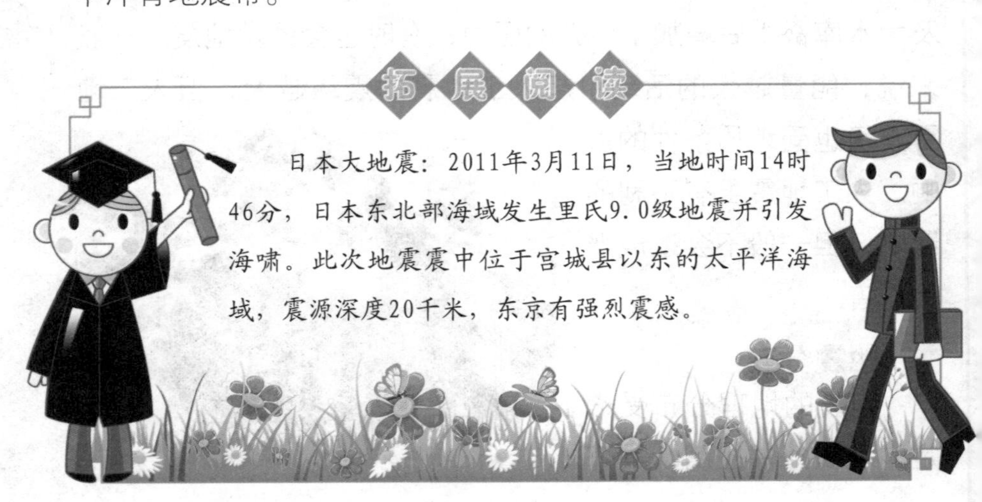

拓展阅读

日本大地震：2011年3月11日，当地时间14时46分，日本东北部海域发生里氏9.0级地震并引发海啸。此次地震震中位于宫城县以东的太平洋海域，震源深度20千米，东京有强烈震感。

难测的地质灾害

泥石流

泥石流是指在山区或者其他沟谷深壑和地形险峻的地区，因为暴雨暴雪或其他自然灾害引发的山体滑坡并携带有大量泥沙以及石块的特殊洪流。泥石流具有突然性以及流速快、流量大、物质容量大和破坏力强等特点。发生泥石流常常会冲毁公路、铁路等交通设施甚至民居等，造成巨大损失。

山体滑坡

山体滑坡是指山体斜坡上某一部分岩土在重力作用下，沿着一定的软弱结构面产生剪切位移而整体地向斜坡下方移动的作用和现象，俗称“走山”“垮山”“地滑”“土溜”等。是常见地质灾害之一。

岩爆

岩爆也称冲击地压，它是一种岩体中地应力能在一定条件下的突然猛烈释放，导致岩石爆裂并弹射出来的现象。轻微的岩爆仅剥落岩片，无弹射现象；严重的可测到4.6级的震级，烈度达7度至8度，使地面建筑遭受破坏，并伴有很大的声响。

发生岩爆的条件是岩体中有较高的地应力，并

且超过了岩石本身的强度，同时岩石具有较高的脆性度和弹性，在这种条件下，一旦由于地下工程活动破坏了岩体原有的平衡状态，岩体中积聚的能量就会导致岩石破坏，并将破碎岩石抛出。

地裂缝

地裂缝是地面裂缝的简称。是地表岩层、土体在自然因素，即地壳活动、水的作用等，或人为因素，即抽水、灌溉、开挖等作用下产生开裂，并在地面形成一定长度和宽度的裂缝。有时地裂缝活动同地震活动有关，或为地震前兆现象之一，或为地震在地面的残留变形。后者又称地震裂缝。地裂缝常常直接影响城乡经济建设和群众生活。

崩塌

崩塌是较陡斜坡上的岩土体在重力作用下突然脱离母体崩落、滚动、堆积在坡脚的地质现象。产生在土体中称土崩，产生

在岩体中称岩崩。规模巨大、涉及到山体称山崩。大小不等、零乱无序的岩块呈锥状堆积在坡脚的堆积物，也称崩积物。

崩塌会使建筑物，有时甚至使整个居民区域遭到毁坏，使公路和铁路被掩埋。由崩塌带来的损失，不单是建筑物毁坏的直接损失，并且常因此而使交通中断，给运输带来重大损失。

地面塌陷

地面塌陷是指地表岩、土体在自然或人为因素作用下向下陷落，并在地面形成塌陷坑的一种地质现象。当这种现象发生在有人类活动的地区时，便可能成为一种地质灾害。地面塌陷可分为岩溶塌陷和非岩溶性塌陷等多种类型。岩溶塌陷分布最广、数量最多、发生频率最高、诱发因素最多，并且具有较强的隐蔽性和突发性等特点，严重地威胁到人民群众的生命财产安全。

土地沙漠化

土地沙漠化是在脆弱的生态系统下，由于人为过度的经济活动，破坏其平衡，使原非沙漠的地区出现了类似沙漠现象的环境变化过程。在人类当今诸多的环境问题中，荒漠化是最为严重的灾难之一。荒漠化意味着该地的人们将失去最基本的生存基础。

土壤盐碱化

土壤中盐分的主要来源是风化产物和含盐的地下水。灌溉水含盐和施用生理碱性肥料也可使土壤中盐分增加。土壤盐碱

化后，土壤溶液的渗透压增大，土体通气性、透水性变差，养分有效性降低，造成植物不能正常生长。

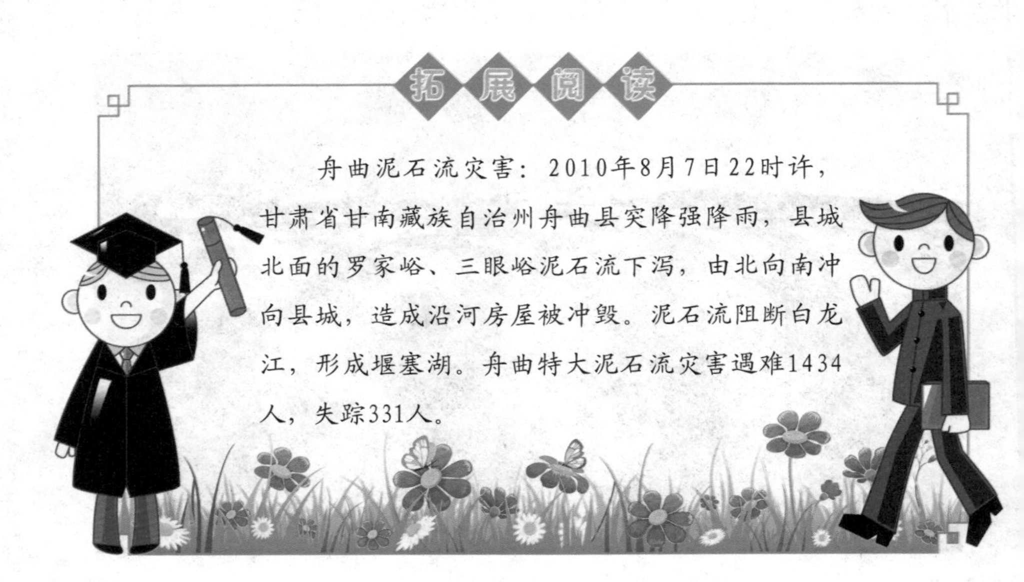

拓展阅读

舟曲泥石流灾害：2010年8月7日22时许，甘肃省甘南藏族自治州舟曲县突降强降雨，县城北面的罗家峪、三眼峪泥石流下泻，由北向南冲向县城，造成沿河房屋被冲毁。泥石流阻断白龙江，形成堰塞湖。舟曲特大泥石流灾害遇难1434人，失踪331人。

地球的气候

大陆性气候

大陆性气候是地球上一种最基本的气候类型。其总的特点是受大陆影响大，受海洋影响小。在大陆性气候条件下，太阳辐射和地面辐射都很大。所以夏季温度很高，气压很低，非常炎热，并且湿度较大。冬季受冷高压控制，温度很低，也很干燥。

海洋性气候

受大陆影响小，受海洋影响大。在海洋性气候条件下，气候终年潮湿，年平均降水量比大陆性气候多，而且季节分配比较均匀。降水量比较稳定，年与年之间变化不大。四季湿度都很大，多云雾，天气阴沉，难得晴天，少见阳光。

季风气候

季风气候是大陆性气候与海洋性气候的混合型。夏季受来自海洋的暖温气流的影响，高温多雨，气候具有海洋性特征。冬季受来自大陆的干冷气流的影响，气候寒冷，干燥少雨，气候具有大陆性特征。

地中海气候

特点是：冬季受西风带控制，气旋活动频繁，气候温和，最冷月气温在4摄氏度至10摄氏度之间，降水量丰沛。夏季在副热带高压控制下，

气流下沉，气候炎热，干燥少雨，云量稀少，阳光充足。全年降水量300毫米至1000毫米，冬季约占全年60%至70%，夏季只有30%至40%，冬季降水多于夏季。

地中海气候主要分布在亚热带大陆西岸，如地中海沿岸、南北美洲纬度30度至40度的大陆西岸、澳大利亚大陆和非洲西南角等地，以地中海沿岸分布面积最广、最典型。

沙漠气候

沙漠气候是大陆性气候的极端情况。在沙漠地区，白天太阳辐射强，地面加热迅速，气温可高达60摄氏度至70摄氏度，上升气流强，但因空气干燥，极少成云致雨，只有狂风沙尘；夜间地面冷却极强，甚至可以降到零度以下，昼夜温差极大。

草原气候

草原气候是一种大陆性气候，是森林到沙漠的过渡地带。气候呈干旱、半干旱状况，土壤水分仅能供草本植物及耐旱作物生长。

温带草原降水量在400毫米以下，多数地方是200毫米至300毫米左右，以夏季阵性降雨为主，气候干燥，高大的树木无法生长。草原地区冬季寒冷而漫长，夏季短促，气温不是很高。但全年的日照时间较长，拥有较好的热量条件，适于牧草的生长。

苔原气候

苔原气候是极地气候带的气候型之一。全年气候寒冷，最热月气温在0摄氏度至10摄氏度之间，全年都是冬季。年降水

量都在250毫米以下，大部分降水是雪，部分冰雪夏季能短期融化。相对湿度大，蒸发量小，沿岸多雾。因为温度低，只有苔藓、地衣类植物可以生长。

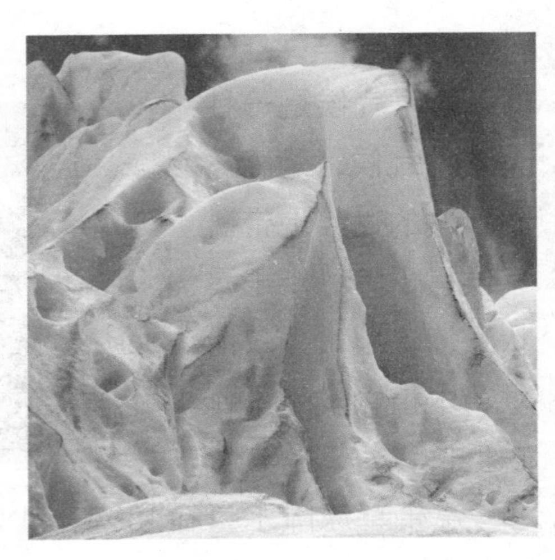

冰原气候

冰原气候是极地气候带的气候型之一。终年为冰雪覆盖，所以也称冰漠气候、冰原气候或永冻气候。

冰原气候区最热月气温也在0摄氏度以下，降水量稀少，年降水量约100毫米左右，都是以雪的形式降落，风速常常在每秒25米以上，最大风速超过每秒100米，常吹拂冰雪成为雪暴。

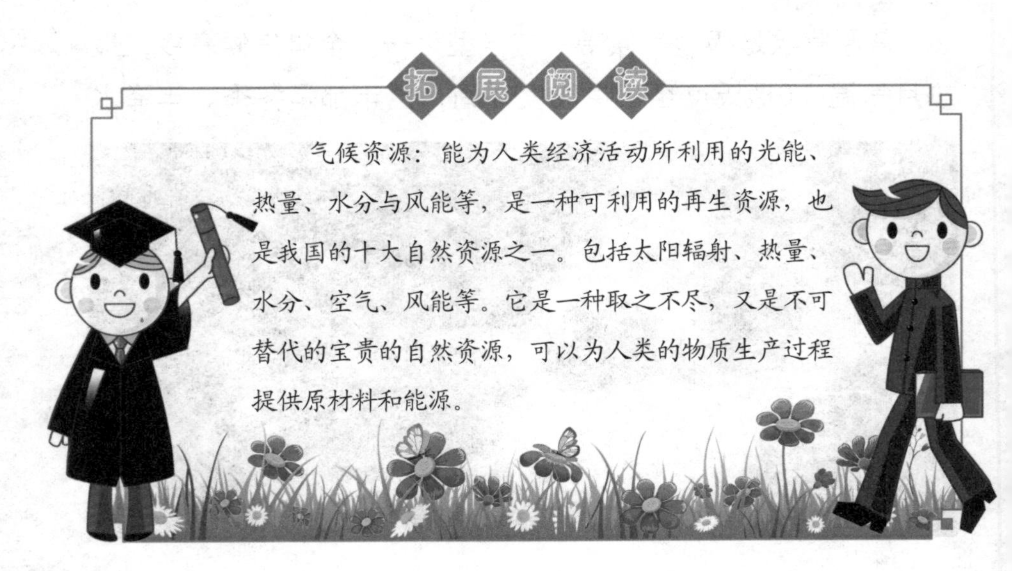

拓展阅读

气候资源：能为人类经济活动所利用的光能、热量、水分与风能等，是一种可利用的再生资源，也是我国的十大自然资源之一。包括太阳辐射、热量、水分、空气、风能等。它是一种取之不尽，又是不可替代的宝贵的自然资源，可以为人类的物质生产过程提供原材料和能源。

地球上的大气

地球上的大气是指包围地球的空气圈。由于地球重力的吸引作用，使大气聚集在地球周围。大气圈的厚度为2000千米至3000千米，大气在垂直方向上可分为五个大气圈层：对流层、平流层、中间层、电离层和散逸层，目前人们在大气层中的活动大部分是在对流层中进行的。

大气窗口

大气窗口指波长在8.5微米至11微米之间的电磁波辐射，几乎不能为大气吸收而能全部透过大气层，好像对这一波段的辐射开了个窗口，故称大气窗口。

气压

气压是大气压强的简称。由于大气重量而在任意表面上所受到的压强，其大小为从单位面积向上直至大气外界的垂直气柱内空气的重量，其单位用帕来表示。气压的变化与天气和季节变化密切相关，同时还与温度和高度有关。水平方向上的气压差异可引起空气流动，从而形成风。

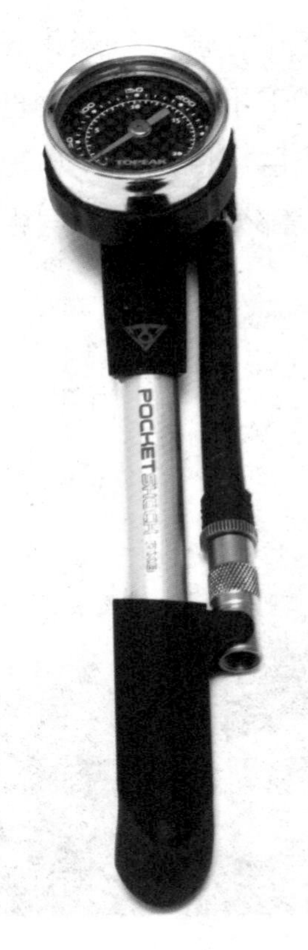

气象上常用的气压测定仪器有液体气压表和固体气压表两种。气压记录是由安装在温度变化不大、光线充足的气压室内的气压表或气压计测量的，有定时气压记录和气

压连续记录两种。

湿度

空气湿度是表示空气中水汽含量和湿润程度的气象要素。

地面空气湿度是指地面气象观测规定高度上的空气湿度，一般为1.25米至2.00米，国内为1.5米。

湿度一般是由安装在百叶箱中的干湿温度表和湿度计等仪器所测定的。基本站每日定时观测4次，基准站每日定时观测24次。

台风

形成于太平洋上的强烈的热带气旋，属暖性低压系统。台风的结构可分为三个组成部分：大风区、涡旋区、眼区。台风来临时天气恶劣，出现狂风暴雨，惊涛骇浪，能掀倒大树，吹倒房屋，毁坏庄稼，严重威胁着人民的生命财产安全。

台风发生的规律及其特点主要有以下几点：一是有季节性，一般发生在夏秋之间；二是台风中心登陆地点难准确预报；三是台风具有旋转性，其登陆时的风向一

般先北后南。

飓风

形成于北大西洋、加勒比海、墨西哥湾西岸的东部和北太平洋上的剧烈热带气旋。性质、成因与产生于西太平洋上的台风相似。风速每小时可达190千米，破坏性很大，在一天之内就能释放出惊人的能量。飓风也泛指任何具有狂风特征的热带气旋及风力达至12级的大风。

在北半球，飓风呈逆时针方向旋转，而在南半球则呈顺时针方向旋转。它一般伴随强风、暴雨，严重威胁人们的生命财产，对于民生、经济等造成极大的冲击，是一种影响较大、危害严重的天然灾害。

信风

在赤道两边的低层大气中，北半球吹东北风，南半球吹东

南风。这种风的方向很少改变，它们年年如此，稳定出现，很讲信用。受信风影响的地区，有的降水少，有的降水多，这与所处的海陆位置和地形状况等因素有关。

季风

季风是指海陆热力差异或行星风系中的风带随季节变化而产生的大范围、大规模的随季节而改变风向的盛行风。夏季时，风从海洋吹向陆地，为夏季风；冬季时，风从陆地吹向海洋，称冬季风。

世界上季风明显的地区主要有南亚、东亚、非洲中部、北美东南部、南美巴西东部以及澳大利亚北部，其中以印度季风和东亚季风最著名。有季风的地区都可出现雨季和旱季等季风气候。夏季时，吹向大陆的风将湿润的海洋空气输进内陆，往往在那里被迫上升成云致雨，形成雨季；冬季时，风自大陆吹向海洋，空气干燥，伴以下沉，天气晴好，形成旱季。

雨

雨是液体水滴形成的降水。主要由云中的冰晶、雪粒等因水汽凝结、转移、碰撞、合并等作用，最后溶解成较大水滴。当水滴增大至上升气流无力支持时，就会降落。在下降过程中遇到其他液体水滴，增大而降落成为雨。

雨水是人类生活中最重要的淡水资源，植物也要靠雨露的滋润而茁壮成长。但暴雨造成的洪水也会给人类带来巨大的灾难。

降水量

降水量就是指从天空降落到地面上的液态和固态降水，没有经过蒸发、渗透和流失而在水平面上积聚的深度。它是衡量一个地区在某段时间内降水多少的数据。它的单位是毫米。

降水根据其不同的物理特征可分为液态降水和固态降水。液态降水有毛毛雨、雨、雷阵雨、冻雨、阵雨等，固态降水有雪、雹、霰等，还有液态固态混合型降水如雨夹雪等。

晕

天空中有一层高云时，阳光或月光透过云中的冰晶时发生折射和反射，便会在太阳或月亮周围产生彩色光环，光环彩色的排序是内红外紫。这七色彩环称为日晕或月晕，统称为晕。

由于有卷层云存在才出现晕，而卷层云常处在离锋面雨区数百千米的地方，随着锋面的推进，雨区不久可能移来，因此晕就往往成为阴雨天气的先兆。

沙暴

沙暴指空中带沙的强风。出现沙暴天气时，狂风带着大量沙尘、干土，使空气污浊、天色昏黄，能见度差。沙暴在有松沙的沙漠地区发展得最好，常见沙丘中，没有混入许多尘土。沙暴是由于地面加热产生或扩大强大风力所致。其次，人类无休止地滥牧、滥伐、滥采、滥用水资源也是形成沙暴的主要原因。

华

天空中有一层透光薄云，云中的水滴大小均匀，若是由冰晶组成的云则要求冰晶尺寸均匀。月光或阳光透射云层过程中，受到均匀云滴的衍射，结果会在月亮或太阳周围紧贴月盘或日盘形成内紫外红的彩环，称为华。

因日光太亮，所以人们不易观察到日华，月华则比较常见。紧贴月盘的华又称华盖，通常华盖的紫色不太显著，故内环呈青蓝色，其外呈黄色为主，最外呈红色。有时在华盖外隔一暗圈后还会出现一个甚至几个彩色排序与华盖相同，但亮度弱得多的同心光环，称为副华。

曙暮光

日出前，即太阳未露出地平线前，阳光照射到高层大气，阳光被大气分子散射，造成天空微亮，地面微明，从这时刻起到太阳露出地平线为止的光亮称曙光。

日落后，即太阳西沉到地平线以下后，仍有一段时间阳光可照射到高空大气，因空气分子散射使天空和地面仍维持微明，这段时间的光称暮光。

虹

含七种色光的太阳光线，射入大气中的水滴、雨滴或雾滴，各种色光经历折射和反射后，可在雨幕或雾幕上形成彩色光弧环。当光弧环对观测者所张的角半径约42度，光环的彩色排序是内紫外红时，称为虹。

霓

在虹的外面，有时还出现较虹弱的彩色光环，光环对观测者所张的角半径约为52度，彩色环的排序与虹相反，即内红外紫，称为霓或副虹。虹和霓都要背对太阳而立才能观察到。在夏日的傍晚，西方放晴而东方天空有云雨时，最容易看到虹和霓。

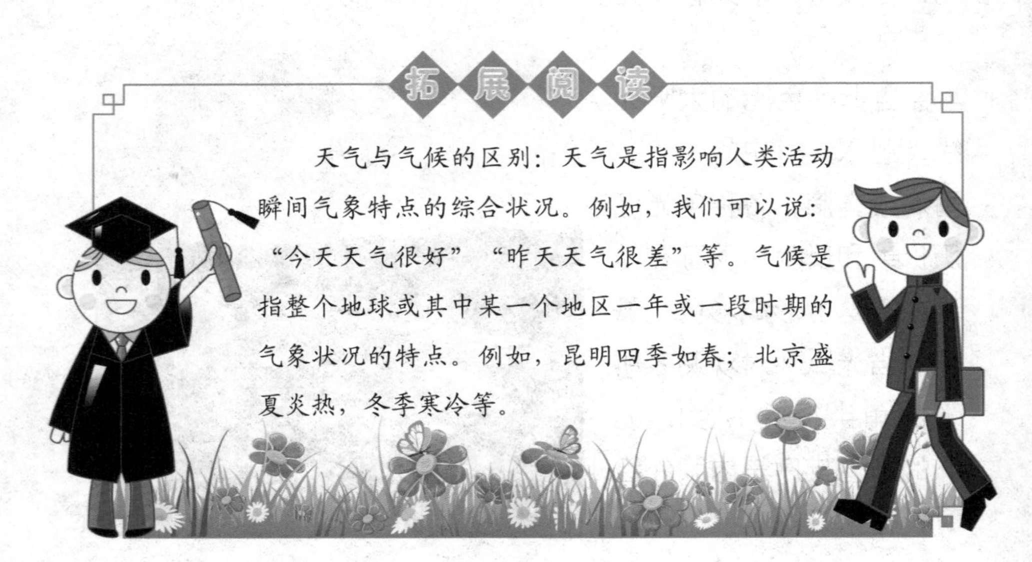

拓展阅读

天气与气候的区别：天气是指影响人类活动瞬间气象特点的综合状况。例如，我们可以说：“今天天气很好”“昨天天气很差”等。气候是指整个地球或其中某一个地区一年或一段时期的气象状况的特点。例如，昆明四季如春；北京盛夏炎热，冬季寒冷等。

自然环境保护

生物资源保护

生物资源保护包括动物、植物、微生物资源，包括野生和驯化资源的保护。其中优先保护的是森林、草原、野生动物、野生植物资源。

目前，一些种类的生物资源由于人类的过度开采和栖息环境的改变而日趋减少，有的甚至濒临灭绝。为了持续利用，造福后代，各国政府和人民正在采取有效措施保护生物资源，做到可持续发展。

水资源保护

水资源是人类环境中最重要的资源之一，是一切生物赖以生存的基本条件。我们应该采取各种措施和途径，使水资源在使用上不致浪费，使水质不致污染，以促进合理利用水资源。主要保护措施有：农业措施、林业措施、水土保持和工程措施。

土地资源保护

包括地质、土貌、气候、植被、土地、水文及人类活动等多种因素相互作用下形成的高度综合的自然经济系统。

土地资源保护的根本措施是植树造林，对已开发利用的土地资源，要坚持因地制宜、合理耕种、保护培养，节约用地，并防治土地沙化、盐碱化；对已开垦的土地，如山地、海涂等必须进行综合调查研究，做出全面安排和统筹规划，使海

涂得到合理的开发和利用。

森林保护

森林保护是预防和消除森林的各种破坏和灾害的措施，是保证树木健康生长，避免或减少森林资源损失的重要措施，也是营林工作中的重要环节。主要内容包括预防和消除森林火灾、林木病虫害、林木鸟兽害以及灾害性天气对森林的损害。森林保护应采取预防为主的方针；在灾害发生后，应积极除治。森林保护的十六字方针：“预防为主，科学防控，依法治理，促进健康。”

野生动物保护

野生动物是大自然的产物，自然界是由许多复杂的生态系统构成的。有一种植物消失了，以这种植物为食的昆虫就会消失；某种昆虫没有了，捕食这种昆虫的鸟类将会饿死；鸟类的死亡又会对其他动物产生影响。所以，大规模野生动物毁灭会引起一系列连锁反应，并产生严重后果。为此，我国出台

了野生动物保护法来保护稀有野生动物，维护生态平衡。我们人类也应该遵纪守法，切实地保护野生动物。

野生植物保护

野生植物是原生地天然生长的植物，它是重要的自然资源和环境要素，对于维持生态平衡和发展经济具有重要作用。

随着人类的发展，一些野生植物遭到破坏，甚至濒临灭绝或已经灭绝。为此我们国家也颁布了野生植物保护条例，加强对野生植物的保护，同时大力发展野生植物资源的人工培育，促进由利用野外资源为主，向培育利用人工资源为主的转变。

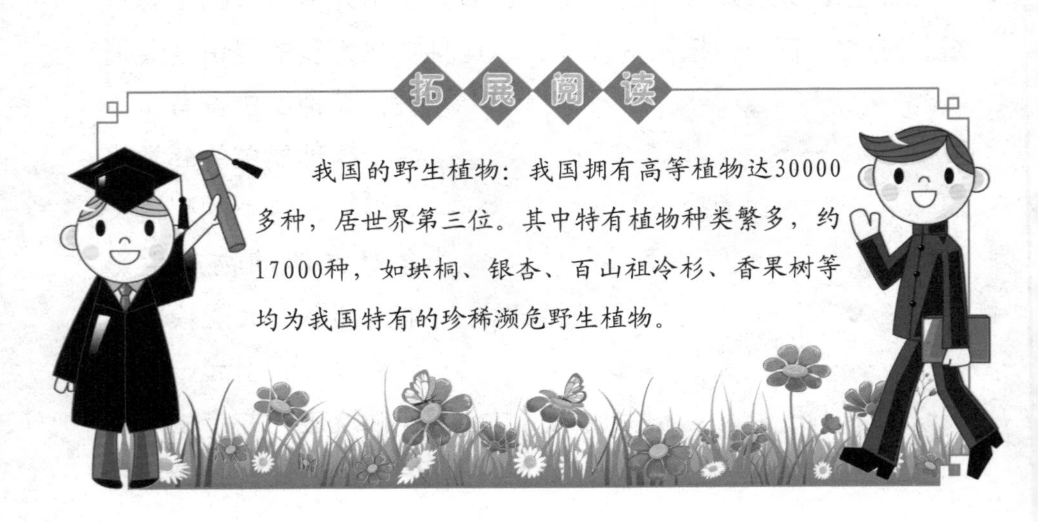

我国的野生植物：我国拥有高等植物达30000多种，居世界第三位。其中特有植物种类繁多，约17000种，如珙桐、银杏、百山祖冷杉、香果树等均为我国特有的珍稀濒危野生植物。